良知塾·精品教材

高手之路

Photoshop 系统教程

李 涛 —— 主编

良知塾图书工作室 —— 编著

人民邮电出版社

北京

图书在版编目（CIP）数据

高手之路. Photoshop系统教程 / 李涛主编 ; 良知塾图书工作室编著. -- 北京 ： 人民邮电出版社，2021.8
ISBN 978-7-115-54961-7

Ⅰ. ①高… Ⅱ. ①李… ②良… Ⅲ. ①图像处理软件 Ⅳ. ①TP391.413

中国版本图书馆CIP数据核字(2020)第187797号

内 容 提 要

如果你刚刚开始学习 Photoshop，那么本书可以帮你在短时间内快速掌握这款软件。本书涵盖了 Photoshop 中的重要模块和功能，囊括了合成、绘画、调色、导出以及批处理等技法，还包含了一些常用的小技巧。本书针对初学者的特点和 Photoshop 的不同功能，为每个章节都设计了精品小案例，把知识点融入其中，读者只需用 10 分钟的时间就能完成实战操作，轻松掌握相应的技能。

本书适合 Photoshop 初学者阅读。循序渐进地学完本书之后，读者都能基本掌握 Photoshop 的应用技巧。

◆ 主　　编　李　涛
　　编　　著　良知塾图书工作室
　　责任编辑　胡　岩
　　责任印制　陈　犇

◆ 人民邮电出版社出版发行　　北京市丰台区成寿寺路 11 号
　　邮编　100164　电子邮件　315@ptpress.com.cn
　　网址　https://www.ptpress.com.cn
　　北京九天鸿程印刷有限责任公司印刷

◆ 开本：690×970　1/16
　　印张：12.5　　　　　　　2021 年 8 月第 1 版
　　字数：370 千字　　　　　2025 年 1 月北京第 8 次印刷

定价：99.00 元
读者服务热线：(010)81055296　印装质量热线：(010)81055316
反盗版热线：(010)81055315
广告经营许可证：京东市监广登字 20170147 号

Preface 前言

适用版本

本书所使用的软件为 Photoshop CC 2020，并适当向下兼容，即便读者使用的是 Photoshop CC 2018、Photoshop CC 2019 等版本，也能够顺利进行学习。在对照片进行自由变换而不同的软件版本差别较大时，本书会进行单独的说明，这样可以确保读者不会因为软件版本不同而导致学习卡顿。

当然，需要单独说明一下，Photoshop CC 2018、Photoshop CC 2019、Photoshop CC 2020 这 3 个软件版本的用户的学习体验同样流畅。

内容精练

Photoshop 是一款历史悠久、功能强大的图形图像处理软件，自 Photoshop 1.0 版本诞生至今，已经有 30 年的历史。经过 30 年的积累，Photoshop 的功能已非常全面，甚至有些复杂，如果逐一学习所有功能，是非常困难的。

本书对 Photoshop 复杂的功能进行了梳理和提炼，提取了平面设计与摄影后期处理亟须的知识点进行讲解，针对性较强，可有效帮助读者提高学习效率。

理论联系实操

本书注重理论结合实际，将众多的知识点融入案例当中。在阅读时，读者可以边学原理边进行案例操作，这样可以降低学习的难度，增加学习的乐趣，确保能够快速掌握 Photoshop，并做到学以致用。

附赠素材

为了方便读者学习和练习，本书附赠书中所有案例所涉及的素材图片。在学习过程当中，读者可以下载图片进行练习，提高学习效率。

多媒体教学，最佳学习体验

读者可以在良知塾官方网站学习《Photoshop 系统教程 基础篇》收费视频。该视频长 359 分钟，是针对 Photoshop 软件功能分析与后期修片所录制的多媒体视频，与书中相应章节内容精确对应，全方位的视听学习可为读者带来绝佳的学习体验。

Contents 目录

第 1 章

基本操作

在开始全面学习 Photoshop 软件的使用之前，本章将介绍在 Photoshop 软件中打开与存储照片的操作、界面与视图的操控、图像大小与分辨率的设置、图像裁剪操作，以及不同色彩模式的特点与设定方法。

1.1 打开与存储

本节介绍在 Photoshop 软件中打开与存储图像文件的操作。打开与存储是学习 Photoshop 软件操作的起点。在我们掌握了这个知识点以后，就能利用提前准备好的 Photoshop 模板文件对图像进行修改并将其保存为我们需要的一些格式。

本节知识点

◆ 如何打开图像文件。

◆ 图像文件的存储格式有哪些。

◆ 存储不同格式的区别。

首先我们打开 Photoshop 软件，单击界面左上角的"文件"菜单，或按快捷键 Ctrl+O（在 Mac OS 操作系统中按 Command+O），然后选择"打开"命令。

当然，也可以在欢迎界面中直接单击"打开"按钮。

在"打开"对话框中可以看到 Photoshop 常用的几种图像文件格式，选中文件后，单击下方的"打开"按钮即可将图像文件打开。

下面将介绍这些常见的图像文件格式的一些特征。

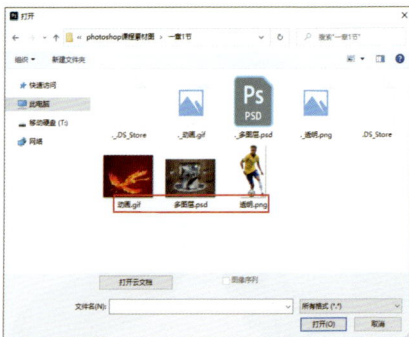

JPEG 格式

首先，来看最常用的 JPEG 格式，它的扩展名是 .JPG（也可以是 .jpg）。打开 JPEG 格式的照片后，可观察一下 JPEG 格式经常被使用在何处。平时做完了图像以后，如果我们要将图像发给客户或者需要将图像放到网站上展示，基本上都是使用这种格式。

GIF 格式

常见的图像文件格式除了 JPEG 格式外，还有 GIF 格式（扩展名为 .GIF），它是一种支持动画的格式。在 Photoshop 中可以打开这种格式的动画文件，并且可以播放这个动画。

演示时，首先找到界面左下角的时间轴面板，上面有一个播放按钮，单击可预演动画。我们在网站上看见的很多动图，包括用微信发送的动态表情包，都是 GIF 格式。

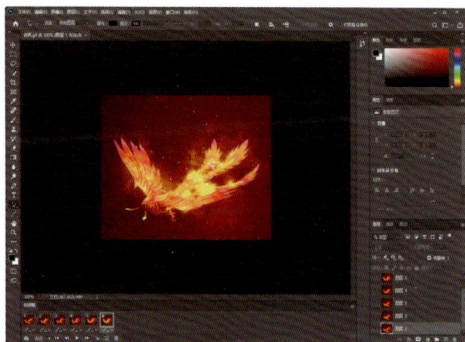

TIPS

如果界面下方没有时间轴，那可以单击"窗口"菜单，在其中选择"时间轴"命令，将时间轴打开。

PNG 格式

PNG 格式（扩展名为 .PNG）比较特殊，用灰白子来表示透明背景。在实际的软件操作中统一规定，用灰色和白色小格表示这个地方是透明的。使用这种格式的文件又有什么意义呢？比如，现在这个人物的海报只是他一个人的照片，没有任何背景。此时如果找一张绿茵场的照片就可以直接把这个素材合成到海报中。

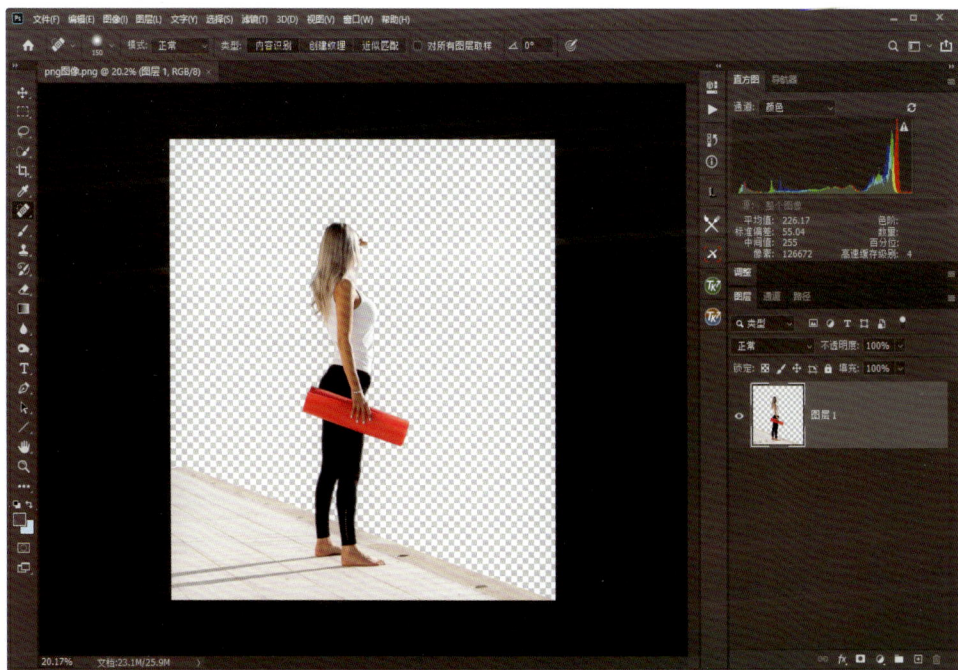

现在创建一个背景演示这种效果：首先找到右下角的"图层"面板，单击"创建新图层"按钮，新建一个图层。

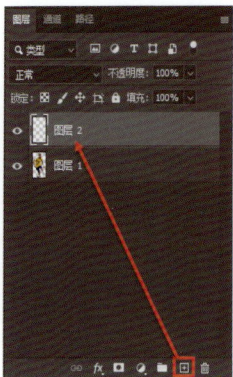

单击前景色，在打开的"拾色器（前景色）"对话框中选择绿色，按 Alt+Delete 快捷键（仅 Mac OS 操作系统中为 Option+Delete 快捷键）对这个新建的空白图层进行填充，这样图层会被填充为选择好的绿色。

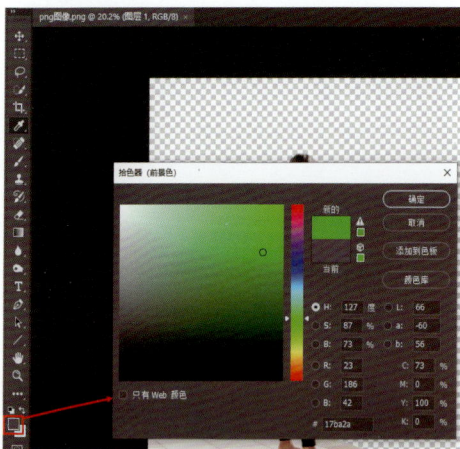

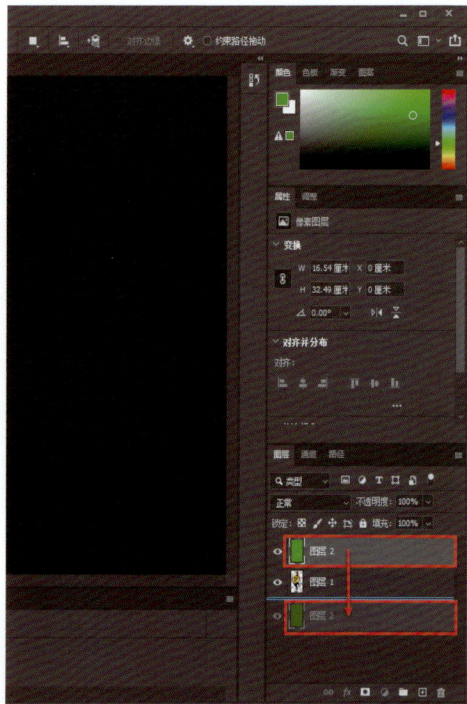

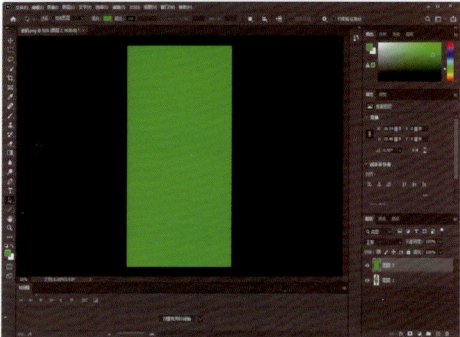

拖曳图层，改变图层顺序，就成功地为这张素材图片设置了新的背景。

PSD 格式

再看最后一种常用的图像文件格式，前面已经讲过了 3 种图像文件格式，分别是 JPEG、PNG 及 GIF。我带大家回忆一下：JPEG 格式比较常用，我们给客户发送的图片，包括我们发到网站上进行展示的各种图片基本为这种格式；GIF 格式支持显示动画；PNG 格式的背景是透明的。

最后一种叫作 PSD 格式（扩展名为 .PSD）。下图所示为一张 PSD 格式的图片。

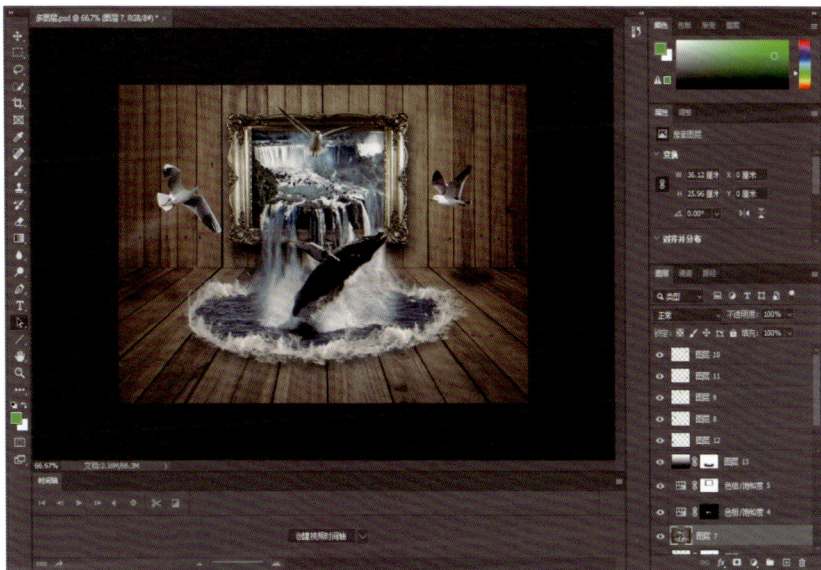

观察右下角的"图层"面板可以发现，这张照片有很多图层，每个图层前有个小小的"眼睛"图标，单击所有图层前的"眼睛"图标，将其关闭。分别单击选中"图层 8"和"图层 9"这两个图层，可确认这两个图层对应的景物，然后单击图层前面的眼睛图标使图层显示出来。PSD 格式的文件是 Photoshop 的原始文件。建议大家平时用 Photoshop 操作时，将文件保存为 PSD 格式，因为它能够保存图层的结构，其所有的属性特征都可以通过 PSD 这种格式保存下来。但是因为这种格式包含的信息量非常大，所以以文件大小也比较大，因此，与客户进行交流和沟通，给他发送样稿时，我们常常会将文件保存为 JPEG 格式，进行一个高性价比的压缩，再发给客户。

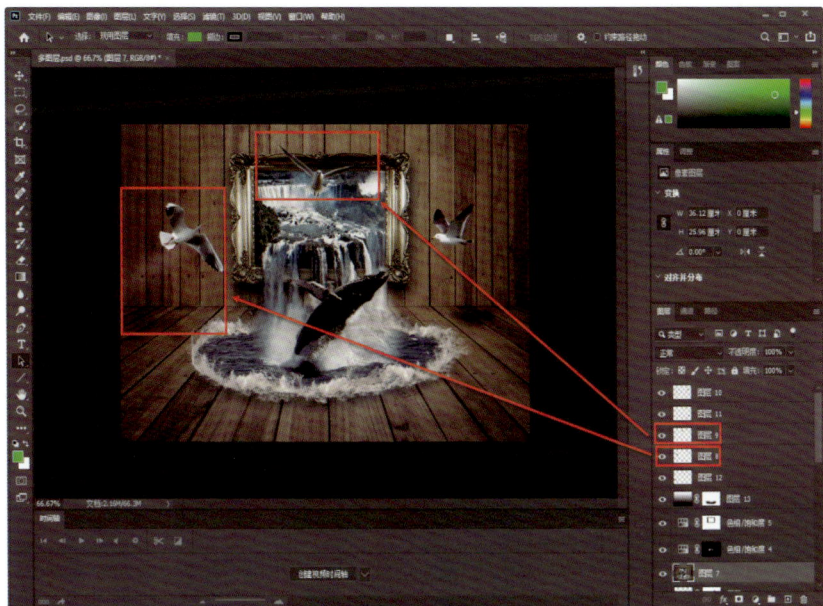

存储设定

接下来看如何存储图像文件。单击"文件"菜单，选择"存储为"命令。

在保存类型下拉列表中，第一个格式是 Photoshop，这就是默认的格式；继续往下看，有 GIF 格式；有我们刚才提到的进行高性价比的压缩的格式，叫作 JPEG；还有我们刚才还提到透明背景的格式，在这里叫 PNG。只要选择任意一种格式，就可以把图像文件存储起来。

注意，在导出 Photoshop 这种格式的时候要勾选图层选项。除此以外，请注意，在选择 JPEG 格式以后，一般要对文件重命名，然后进行存储。

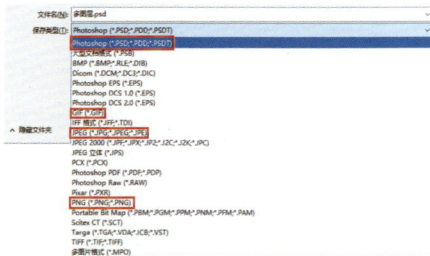

如果选择的是 JPEG 格式，会弹出"JPEG 选项"对话框。这里给大家一个参考值：品质只要大于 8，它的画质就是非常清晰的，而且文件相对来说也会比较小。这是在存储文件时应该注意的事项。

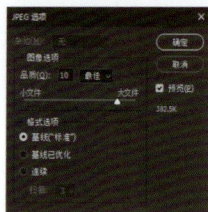

最后，在将文件存储为 GIF 格式后，如果发现动画丢失，怎样设置才能看见动画，以及我们导出 PNG 格式的文件时的一些相关属性和格式的设置，将在第 14 章中详细进行介绍。

1.2 界面与视图的操控

下面介绍 Photoshop 软件界面与视图的操控。在学习完这些内容以后，我们就可以根据自己的工作需求来操控 Photoshop 的整个窗口和界面，并且能够对图片进行任意的浏览。在实际工作中，有很多图片非常大，导致我们通过电脑屏幕看不到全部图片，这时就要使用全屏功能观看整张图片；有的时候我们需要看某张图片局部的细节，这时要专门放大图片的局部进行观看。

本节知识点

- ◆ 视图的放大与缩小。
- ◆ 如何进行局部放大。

如下图所示，在 Photoshop 软件界面下方的中间部位，有一个时间轴窗口。

我们在"窗口"菜单中，找到"时间轴"选项，取消勾选就可以关闭该窗口。

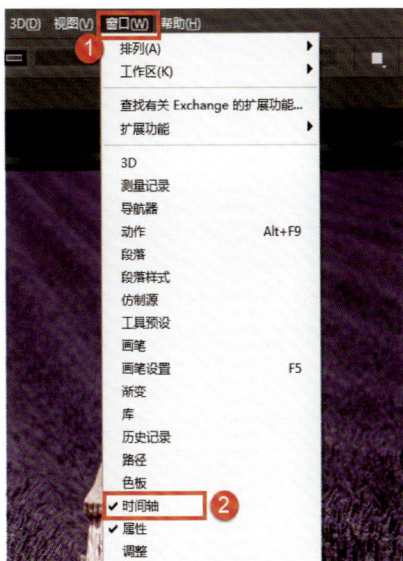

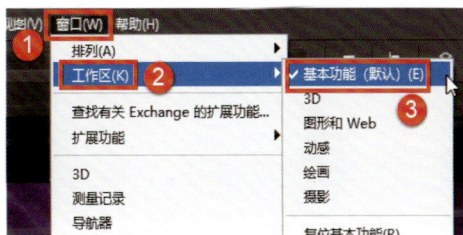

摄影爱好者可以选择"摄影"命令，选择"摄影"命令后，界面就变成了直方图和时间轴搭配的样式。重新选择"基本功能（默认）"命令，就可以恢复到刚才的默认界面。

首先我们来看一下怎样排布界面。单击"窗口"菜单，在"工作区"命令下选择"基本功能（默认）"。

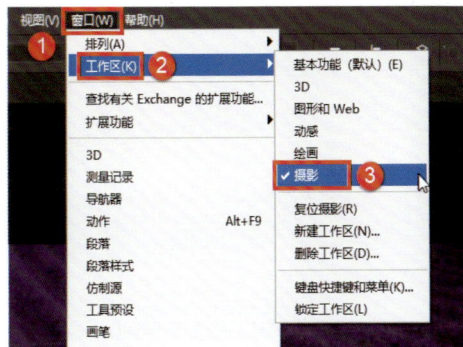

在实际操作中，某些界面可能会被拖动出来或者被不小心关掉，这样，整个界面就会非常混乱。

这时，单击"窗口"菜单，选择"工作区"命令下的"复位基本功能"命令，就可以将整个界面恢复到初始状态，也就是出厂状态。

单击面板右上角的双箭头，可以收缩该面板，腾出更多的空间。

另外，单击"窗口"菜单，可以看到 Photoshop 中所有的面板。单击可以打开相应的面板，再次单击则可以收缩该面板。

Photoshop 的所有面板，都可以在"窗口"菜单中找到。

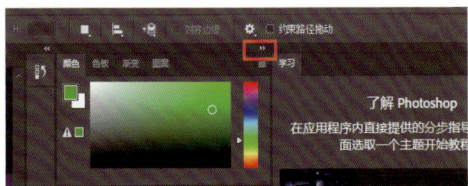

了解了这些以后，接下来我们来了解一下视图的控制。

在工具栏里，你会发现有个工具叫"缩放工具"。选择该工具后在画面中单击，画面就会被放大。若要进行缩小，按 Alt 键（在 Mac OS 操作系统中按 Option 键）再在画面中单击，就可缩小画面了。

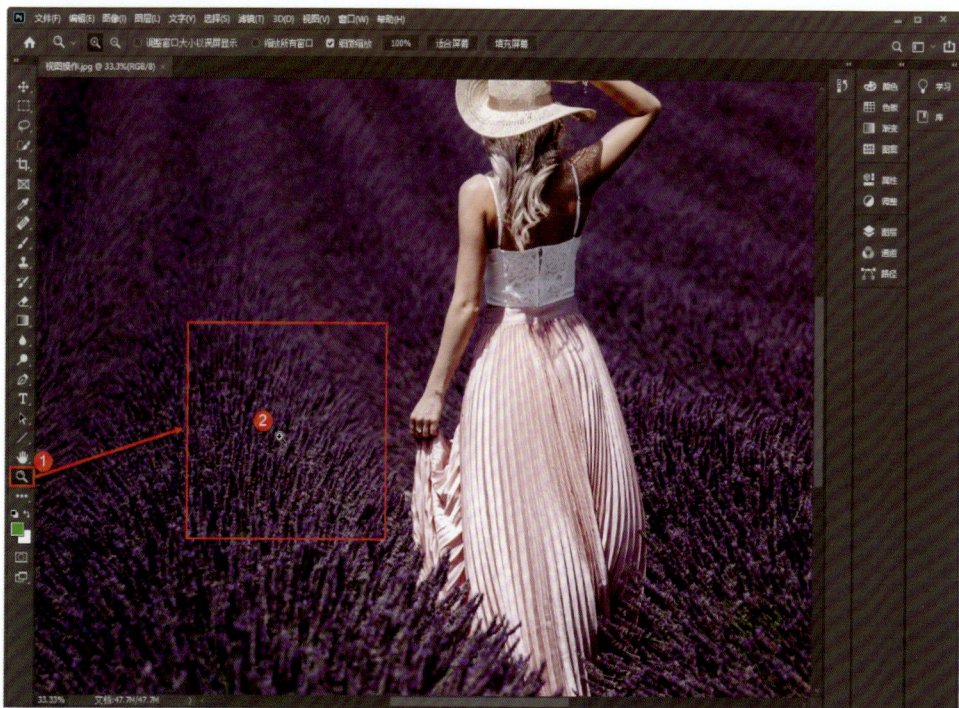

缩小之后发现这个画面偏右，需要对视图进行平行移动。在工具栏中找到"抓手工具"，然后在画面当中按住左键并拖曳，就可以进行视图的平移。在这里教大家另外一种放大画面的方法，按 Ctrl++ 快捷键，画面就迅速地被放大了。同样的，缩小就是按 Ctrl+- 快捷键。而放大局部，要进行视图的平移，这时快速按下键盘的空格键，就可以通过按住鼠标左键并拖曳使整个视图进行平行移动。

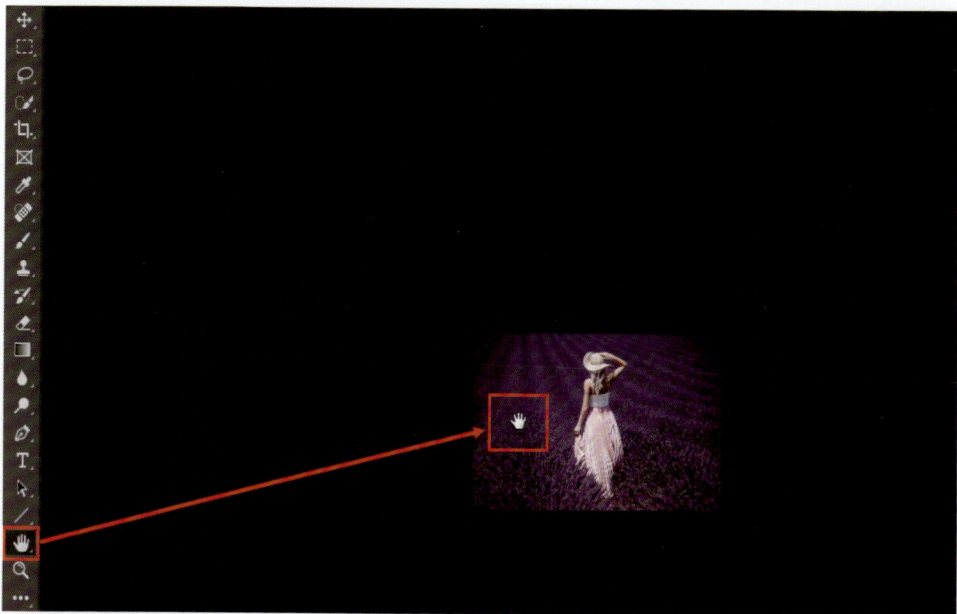

为了看到整张图的效果，需要迅速地把画面恢复到整个屏幕都能看清楚的状态。这时单击"视图"菜单，选择"按屏幕大小缩放"命令即可，或按快捷键 Ctrl+0（Windows 系统）。

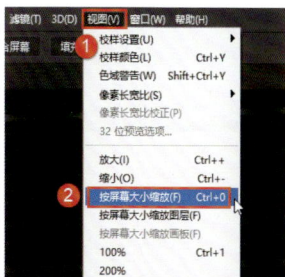

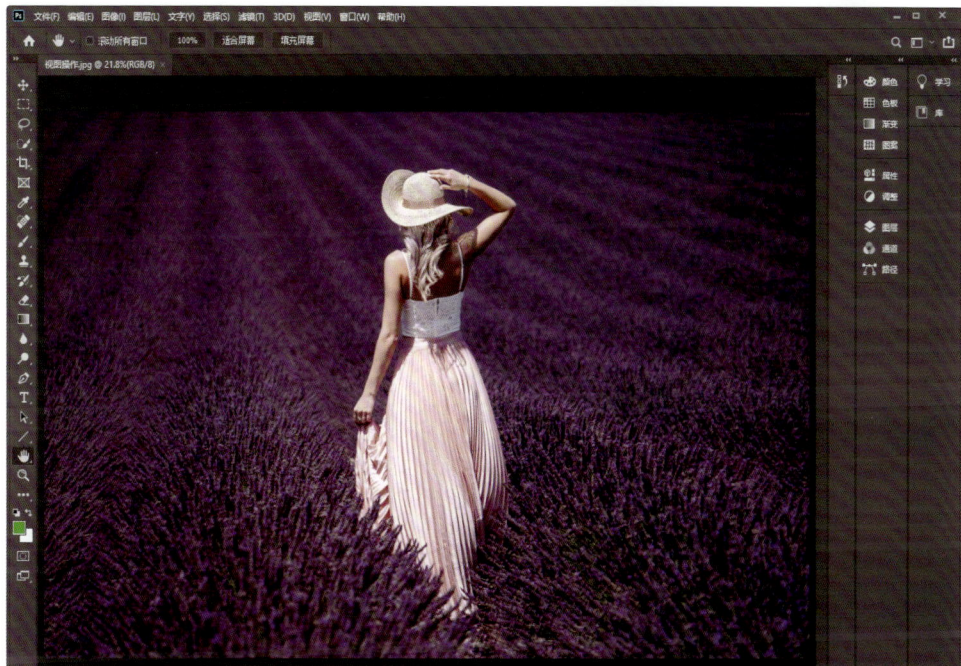

还有一个缩放视图的命令需要掌握，就是"100%"命令。单击"视图"菜单，选择"100%"命令，或按快捷键 Ctrl +1，图片将以实际的大小显示。

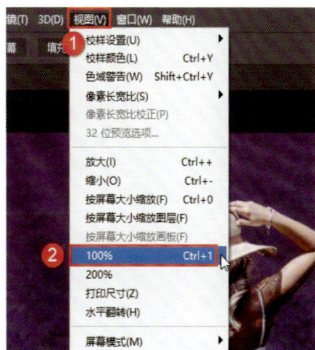

在画面左上角可以查看缩放比例。

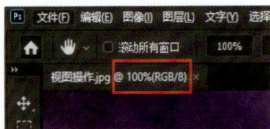

最后介绍"导航器"。单击"窗口"菜单，选择"导航器"命令，会有一个红框指出现在屏幕显示的图片部分。移动红框，可以改变所显示的图片部分。

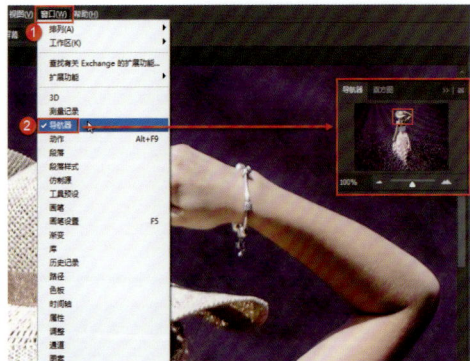

我们在掌握了本节知识以后，对于图片的操控就非常便捷了。

1.3 图像大小与分辨率

本节介绍图像大小与分辨率，学习完这个知识点以后，我们就能真正地开始执行一个工作项目了。

本节知识点

◆ 图像大小的更改。

◆ 像素的概念。

◆ 了解分辨率。

像素与图像大小设定

现在，已经打开了一张如下图所示的图片，我们刚才通过一些设置和操作把这张图进行了放大缩小，那它实际是多大呢，我们是不知道的，只能从视觉上进行判定。

单击"图像"菜单，选择"图像大小"命令，这时可以看到图片的各个参数，示例中图片的宽度是"52.92厘米"，高度是"35.27厘米"。

我们在看图像文件的时候，单位往往是像素。在这里再解释一下像素的概念。把照片放大到"12 800%"，图片上会显示很多方块，一个方块就是一个像素。

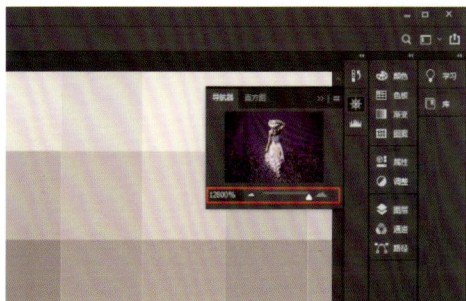

再次单击"图像"菜单，选择"图像大小"命令，我们可以改变图像大小，比如把宽度改为"1 000像素"。宽度和高度之间有一个链条的标志，该标志的含义是，在此状态下如果改变图像的宽度，高度会自动进行等比例的缩放。

单击"确定"按钮之后，图片就缩小了。先前 100% 缩放的图片整个屏幕都放不下，而现在可以放下，说明确实把图片缩小了。

刚才图片的宽度为 5 000 像素，现在是 1 000 像素，少掉的 4 000 像素去哪里了呢？

在这里解释一下，回到刚才的"图像大小"对话框，请大家注意看，在"图像大小"对话框下方有一个"重新采样"的选项，这里显示为自动，也就是说增加或减少的像素是通过一种差值的算法自动得出的。

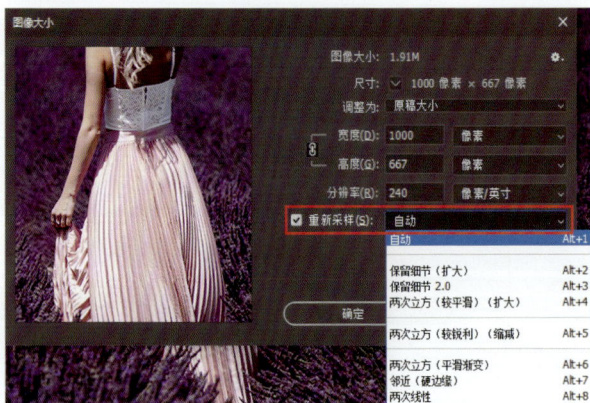

这时请注意，既然我们的画面通过一种运算得到额外的像素，那么改变图像的大小可能会使它变模糊。这里建议大家在改变了画面大小以后不要直接覆盖原文件，可以将其另存为一份文件，这样原始的画面还存在，随时可以打开再次进行编辑。

分辨率设定

单击"文件"菜单，选择"新建"命令，在这里我们能看见最近使用的项目。

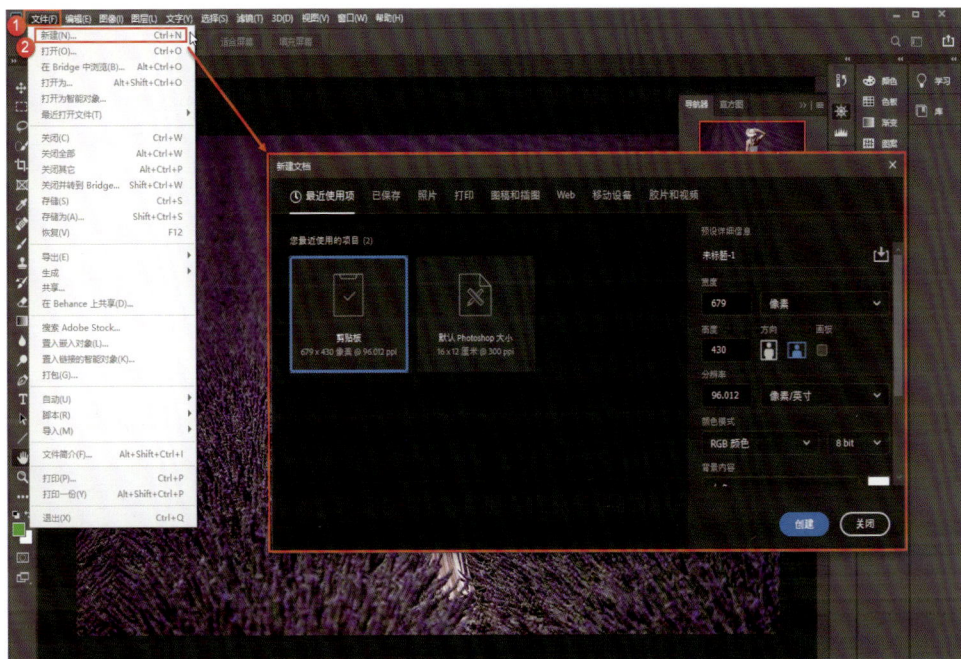

一些读者可能会有疑问，新建文件时应该怎样设置参数。这个时候，我们可以单击新建文档对话框上方的选项卡，其中有一些默认的参数。

比如要新建一张照片，"照片"选项卡下有6×4英寸（1英寸≈2.54厘米）、7×5英寸等选项。

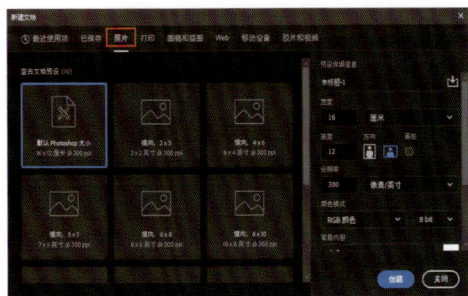

比如要将文档按 A4 大小打印，系统会自动提供参数。

比如要给网站做一些图片，可以在"Web"选项卡下进行图片尺寸的选择。

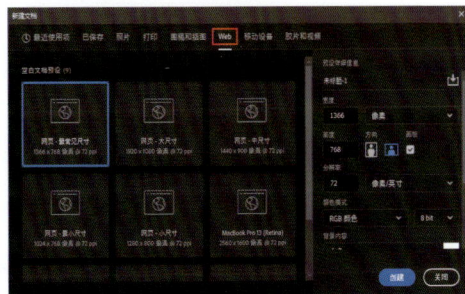

选择"网页 – 最常见尺寸"，这时可以看到对话框右侧显示分辨率的值是"72"。

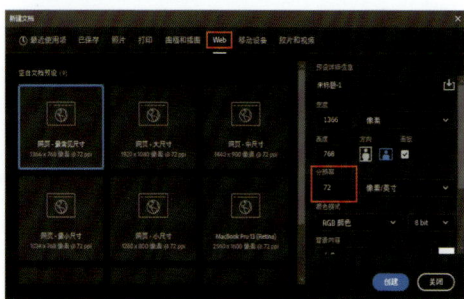

再选择打印选项卡下的"A4"，会发现分辨率的值变成了"300"。

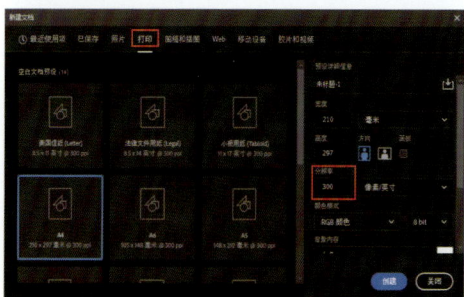

这里分辨率的单位是像素每英寸，也就是指在 1 英寸的长度上有 300 个像素。

那这个和应用有什么关系呢？分辨率越高，画面越清晰，细节就越多。但同时单位长度上的像素越多，

计算机处理图像时的计算量就越大，因此我们在一定的逻辑关系情况下，需要设定一个合适的分辨率。分辨率的设置和我们人类的肉眼识别能力有关。有人分析过，一张图片如果是在网页上使用，只要能达到 1 英寸上有 72 个像素就已经足够清晰了，但是如果是用要制成印刷品则需要达到 300 像素每英寸的分辨率。但是这个分辨率不是绝对的，如果要建一个巨型文件，分辨率就应该设得非常低，甚至设到 20、30 都有可能，即 300 像素每英寸是常规尺寸的印刷品适用的分辨率，而不是只能设置为该分辨率。

最后，我们再来说一下，Photoshop 不仅可以新建用在印刷和网络中的图片，还可以新建视频胶片。在胶片和视频选项卡中，我们可以选择"HDTV 1080p"，也就是 1920×1080 像素的大小。

新建文档时要注意背景内容，打开背景内容的下拉列表，会发现背景内容还可以是透明的形式。

1.4

图像裁剪

本节介绍图像裁剪的应用。在我们学完图像裁剪以后，不仅可以根据自己的需求裁剪照片，还可以进行画面透视的变形校正。

本节知识点

◆ "裁剪工具"的基础操作。

◆ "透视裁剪工具"的用法。

图像裁剪操作

我们打开下面这样一张照片，照片中的人有点小，为了让他显得大一点，我们可以对照片进行裁剪。

在工具栏中找到"裁剪工具"。

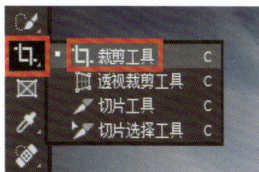

然后按住鼠标左键在画面中选择目标区域。

　　选择好目标区域后也可以通过移动改变要框选的区域，最后当操作完成后在属性栏中勾选提交当前的裁剪操作。

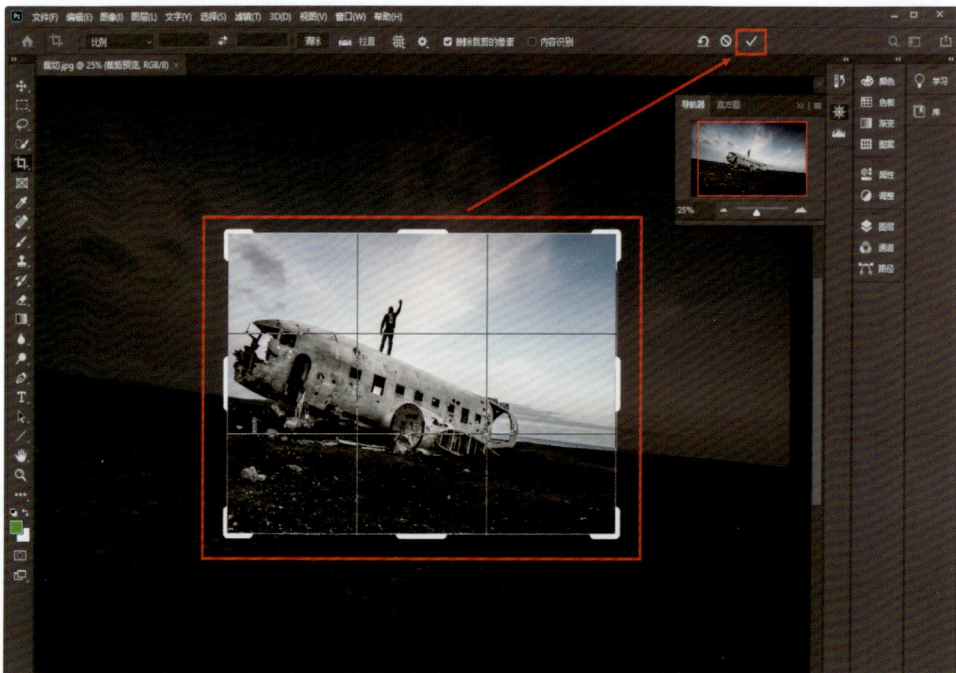

按 Ctrl+Z 快捷键可以撤销操作。

　　我们再来学习另外一些操作。这个画面中的地平线歪了，我们可以用"裁剪工具"校正整个画面。选择"裁剪工具"，在属性栏里，选择"拉直"选项，在按住鼠标左键在画面中移动时，会出现一条线，这条线就是校正线。

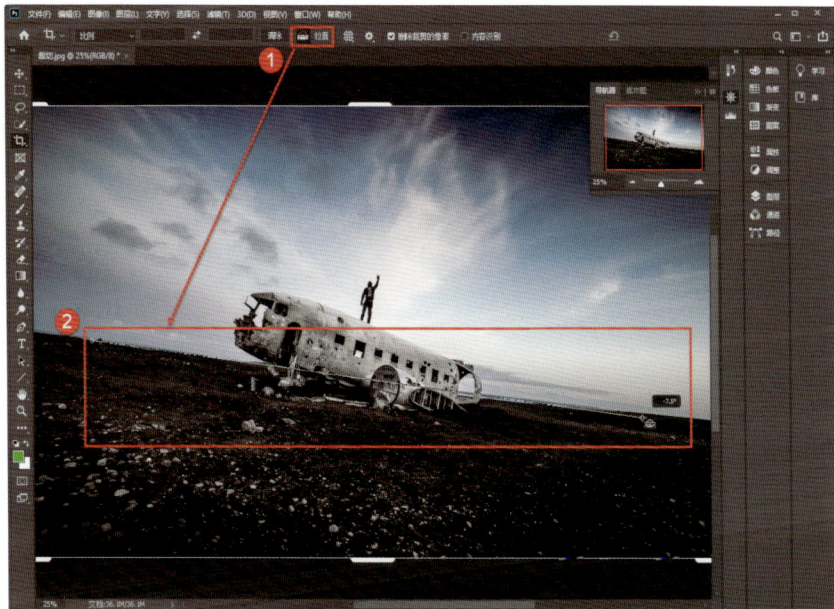

　　用校正线标记想要恢复到水平的线，松开鼠标左键后，画面将自动校正到水平状态。这时由于产生了旋转，画面被裁剪了一些。

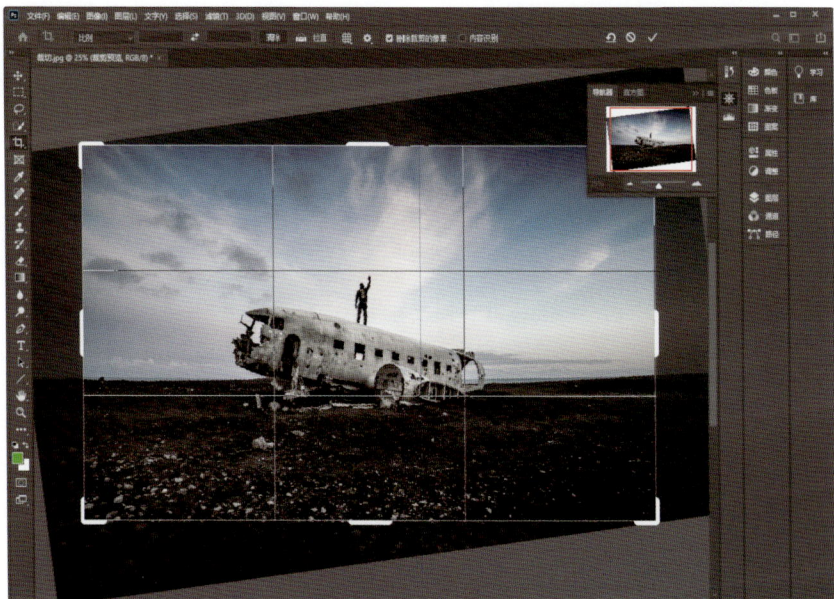

如果把裁剪框拉大，就会出现画面中的这种白边，因为画面产生了一些旋转。

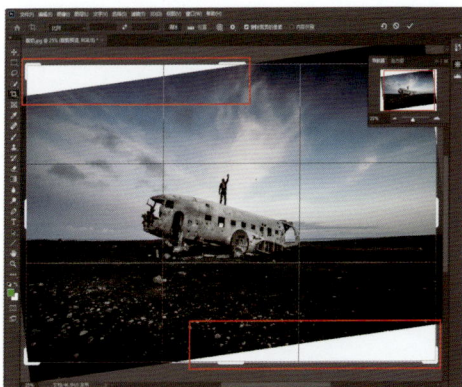

如果不想出现白边，想要保持原来的画面，可以在属性栏里勾选"内容识别"复选框，然后再单击确定裁剪。勾选"内容识别"复选框后进行裁剪，电脑会进行一段计算，把周边的像素自动计算和弥补进来。

画面透视的校正

接下来我们学习整个画面透视的校正。

打开另一张图片可以发现，这张图片的透视有一些问题。

单击"裁剪工具"，选择其中的"透视裁剪工具"。

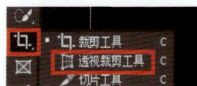

沿着画面的不准确的透视的边选择画面的四角。或是像本处一样，沿着边的平行线调整透视线。

选择完成后还可以进行微调，使我们选择的边贴合要矫正到的画面的边。

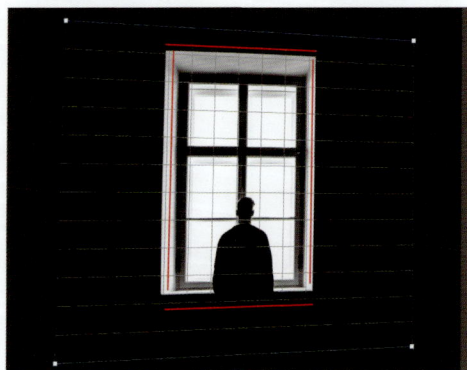

在操作完后单击上面的确定选项,画面的透视问题就会被自动校正。

1.5 色彩模式

本节介绍色彩模式的相关知识。在我们学会了色彩模式以后,大家就可以对颜色的构成有一个非常深刻的理解。

本节知识点

◆ 了解 RGB 色彩模式。
◆ 了解 CMYK 色彩模式。
◆ 了解灰度模式。
◆ 了解 Lab 颜色模式。
◆ 了解位图模式。
◆ 了解索引颜色模式。

RGB 色彩模式

计算机表达颜色是由色彩模式来决定的,现在案例中的图片,它的标题中标有 RGB,也就是说这张图片的色彩模式是 RGB 色彩模式。在这里我们尽量用最简单的图来给大家演示什么是 RGB 色彩模式。

在演示之前我们先来看一下它的通道。单击"窗口"菜单,找到并选择"通道"命令,打开"通道"对话框。

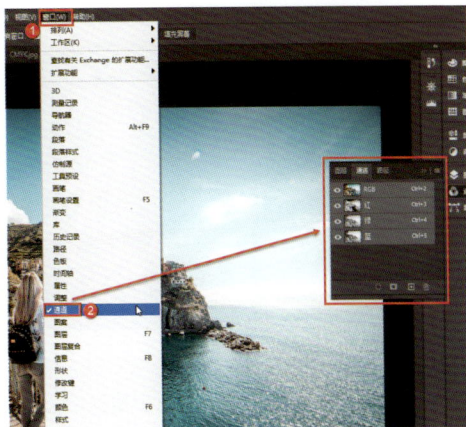

现在,单击其中一个通道,比如单击"红通道",图片会变成黑、白两色。

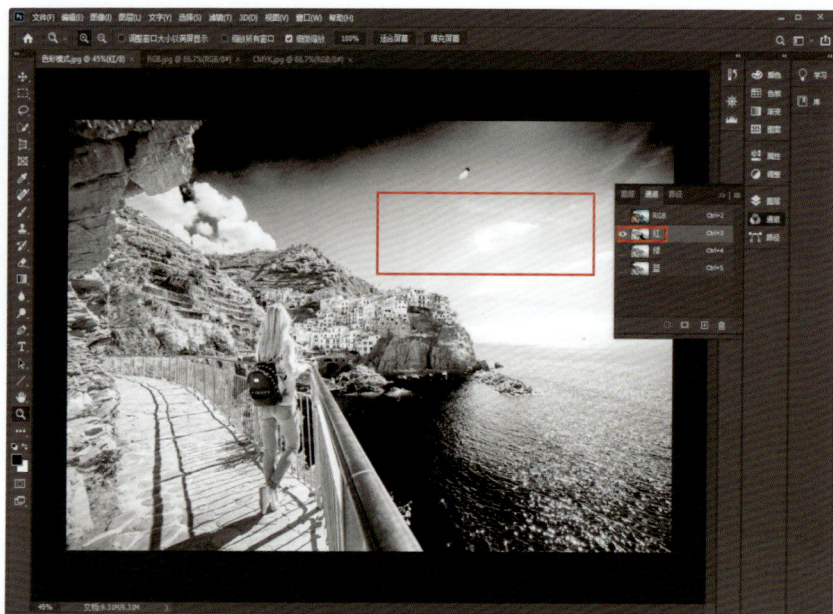

画面中框起来的部分的白色表示发出的光线,选择哪个通道,就发出哪种光线。现在选择的是"红通道",所以这里的白色表示这个地方发出了红色的光。有的读者会觉得奇怪,点回"RGB"模式,这个地方怎么没有出现红色?

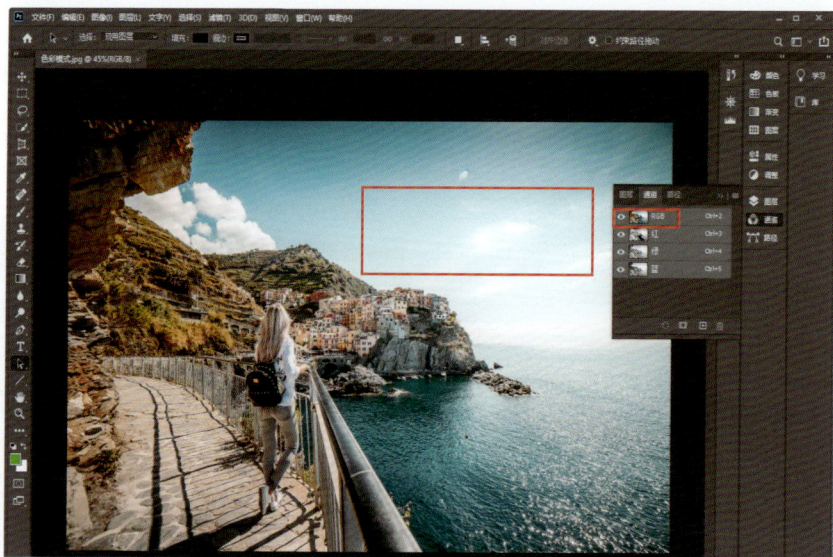

注意,我们看见的颜色是由红、绿、蓝 3 个通道的颜色混合形成的,就跟画画一样,颜料通常是 24 色或 32 色,要混合颜料,得到其他各种颜色。在计算机里面,这种色彩模式也是通过混合光线来得到所有的颜色的。比如云彩的颜色基本上是偏白的,是怎么混合出的呢?在这里,红、绿、蓝 3 种颜色的光都是最强的,混合在一起就会呈现出白色的。读者可以单独看一下,每一个通道在这个地方都是白色的。

绿通道

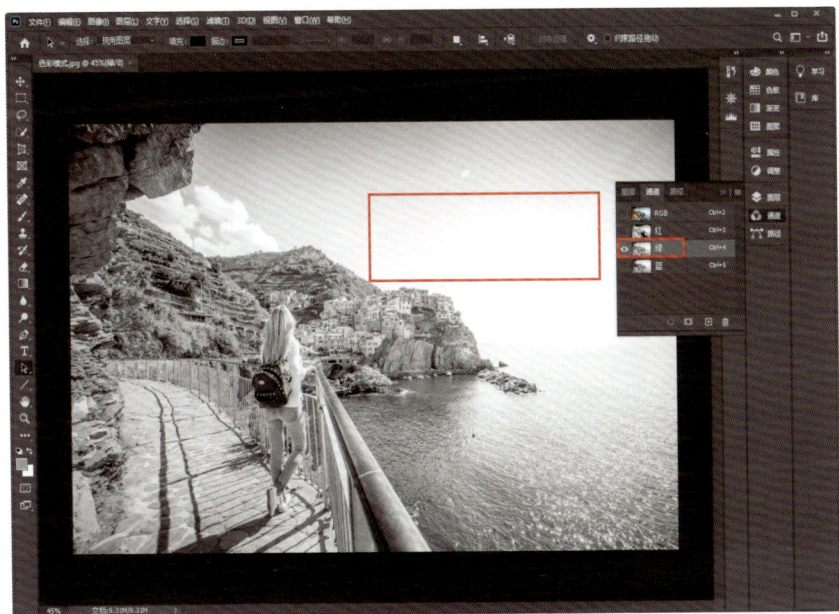

蓝通道

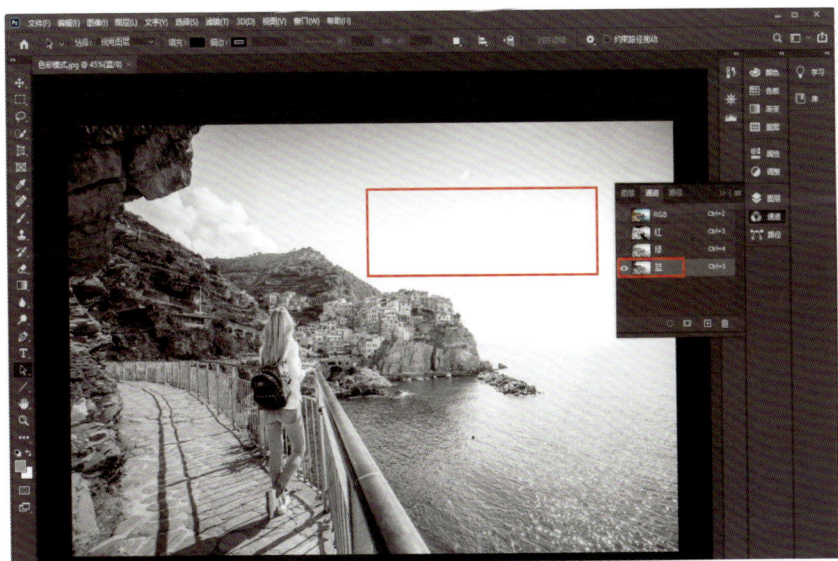

　　海水表面是青蓝色的，是因为在海水表面的绿光和蓝光混合得比较多，红色的光线几乎没有，所以红通道画面中，海水表面比较暗，而在绿通道和蓝通道里，这个地方比较亮。因此，RGB 色彩模式是将 3 种颜色的光线混合在一起的模式。

　　我们再换一张非常简单的图来理解一下 RGB 色彩模式。

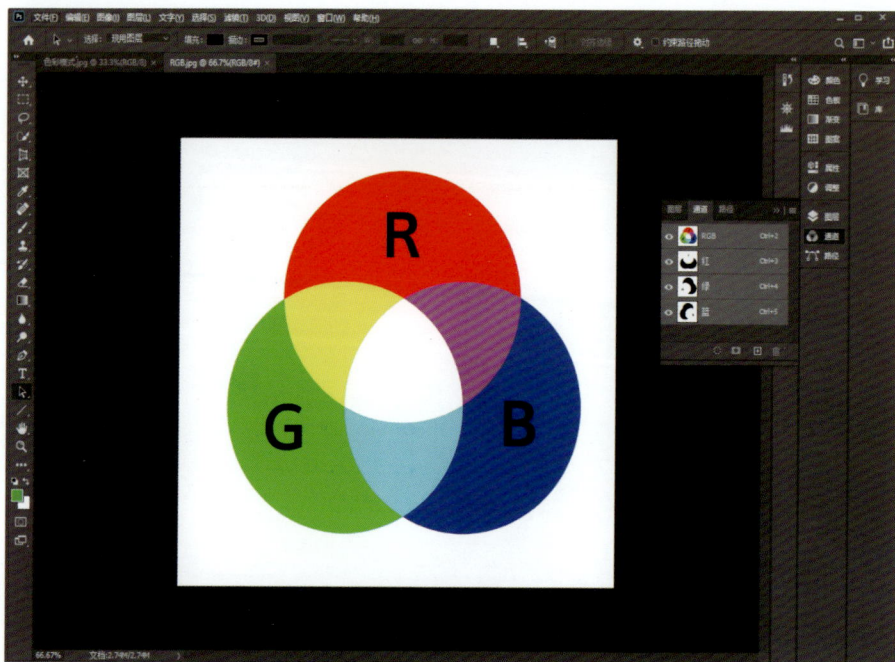

R 区域只有红色的光线，绿色和蓝色都不发光，所以最终看见的就是红色，那我们打开"红通道"看这个地方就是白色的，也就是这个地方发出了红色光。

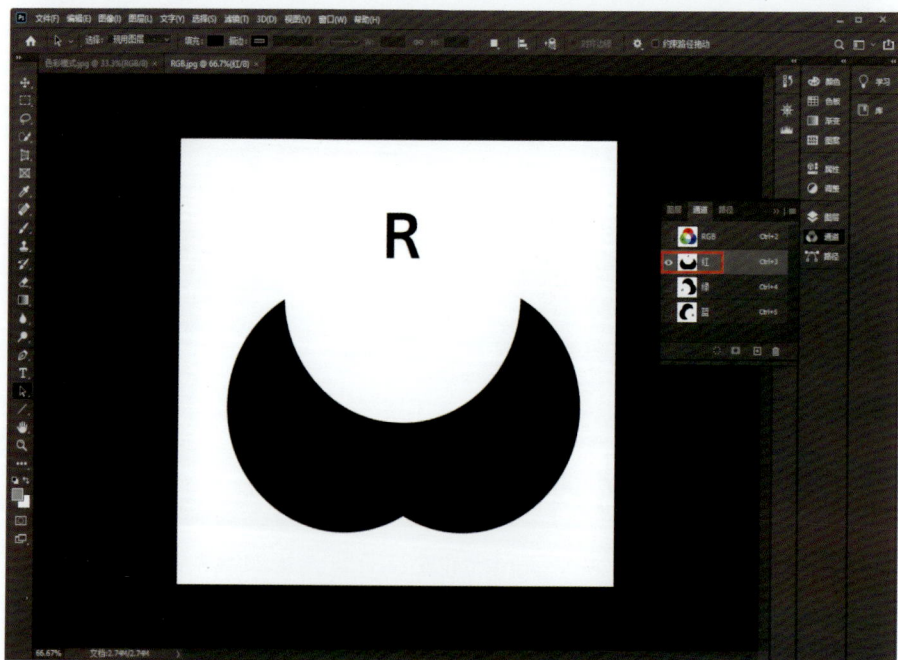

"绿通道"和"蓝通道"在这个地方都是黑色的。

绿通道

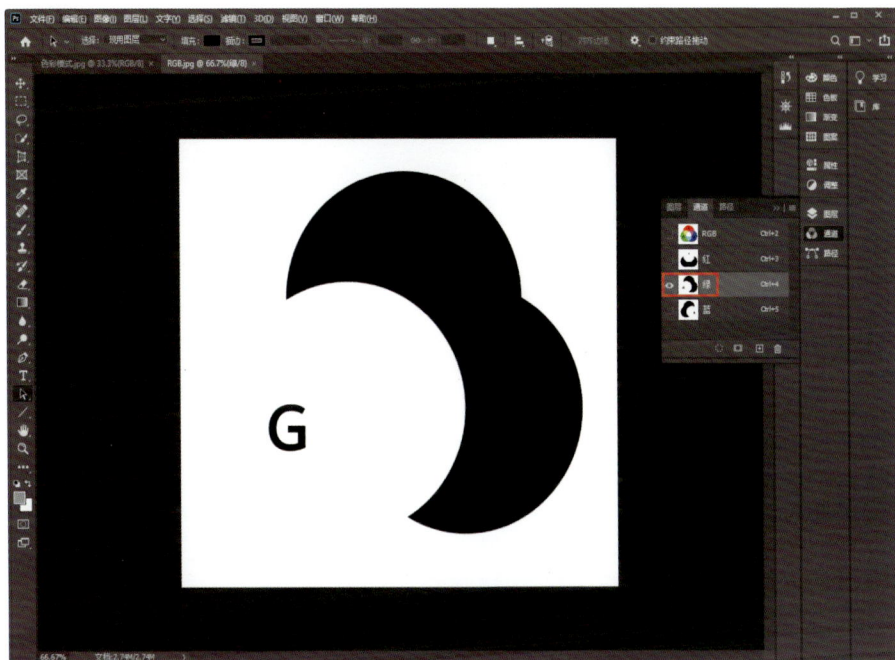

蓝通道

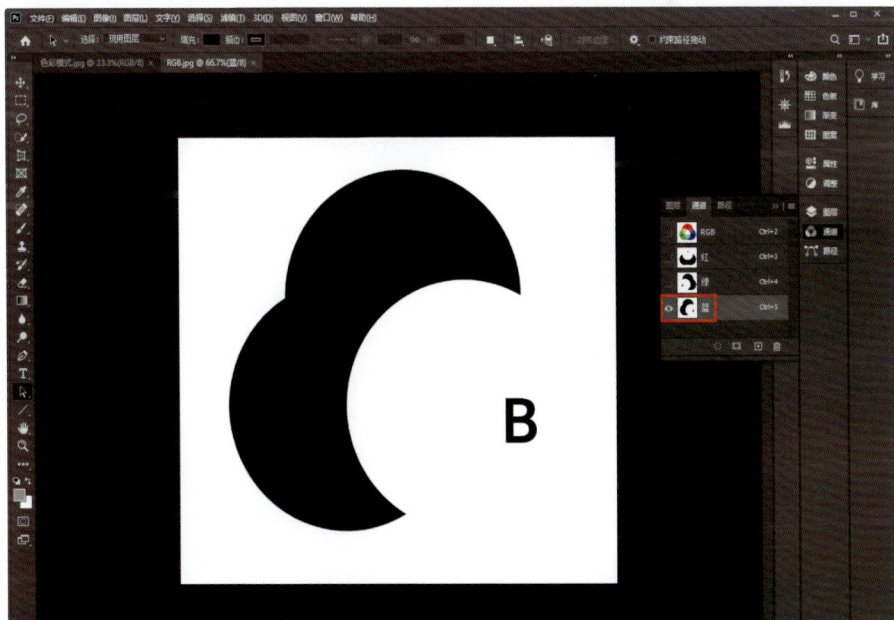

　　周边区域也是白色的，如果要用 RGB 色彩模式来描述白色，应该是每个通道的光都是最强的，混合在一起就是白色。

颜色跟颜色是可以混合的，再看这个黄色的区域，如果"红通道"在这里发了光，"绿通道"在这也发了光，红光和绿光混合会发出黄光。学过画画的读者就会知道，红和绿混合得到黄，绿和蓝混合得到青，蓝和红混合得到紫，三者混合得到白。

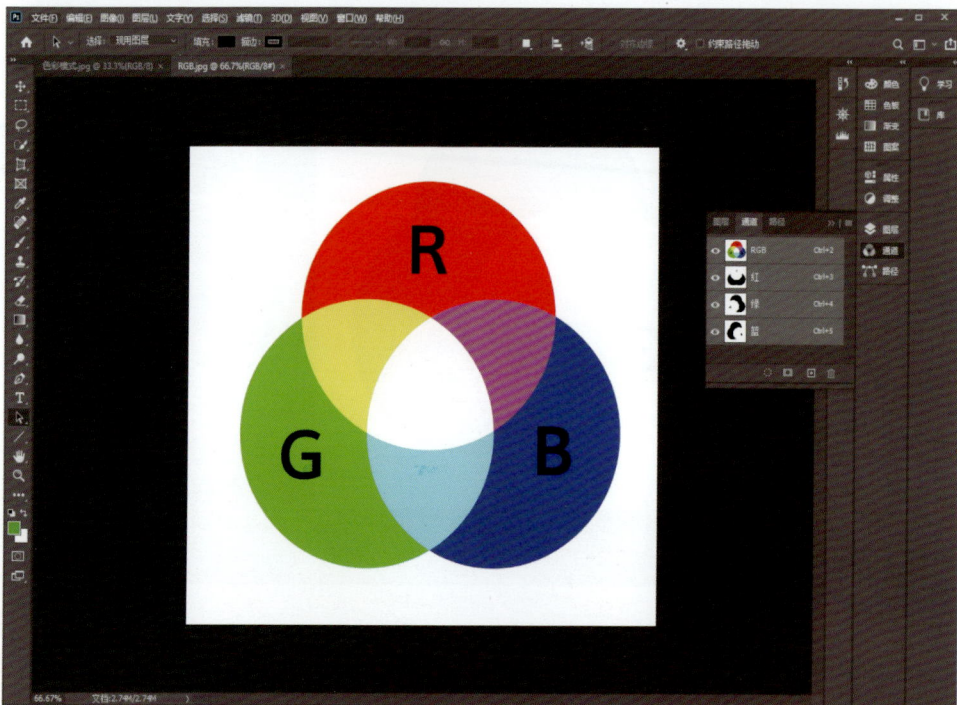

在这里介绍一个简单的色彩变化规律。

首先，单击工具栏中的"前景色"，设置前景色，在打开的"拾色器（前景色）"对话框的中间位置，可以看到一个色条。

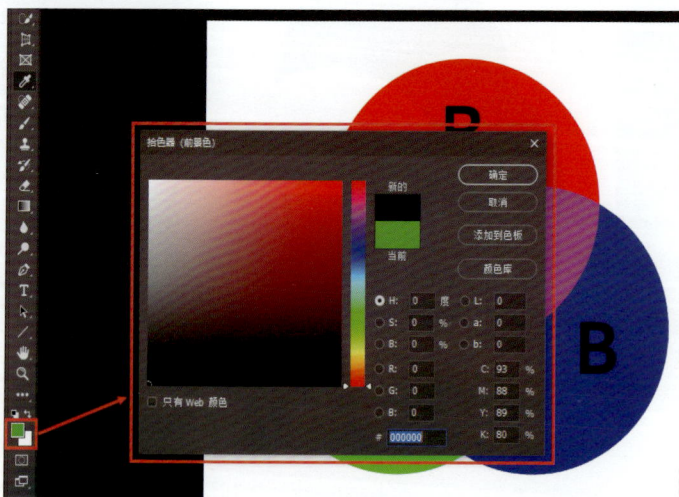

其中，所有的颜色叫作色相，色相形成了一个色相带，平时我们看到的是色相环，就是把这个色相带首尾相连。在这个色相带中，从下往上的颜色分别为，红橙黄绿青蓝紫，这就是色彩变化规律的口诀，我们可以根据这个口诀确定色彩的混合变化。例如，绿和蓝混合会得到什么颜色？根据这个口诀，在绿和蓝中间是青色，也就是说，绿和蓝混合会得到青色。

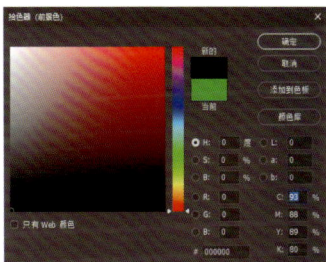

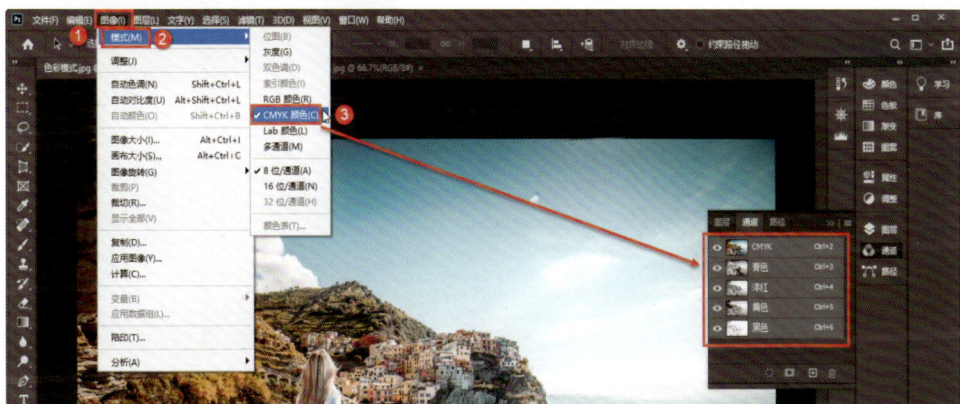

类似的色彩变化规律如下。

红 + 蓝 = 紫

蓝 + 绿 = 青

绿 + 红 = 黄

红 + 绿 + 蓝 = 白

CMYK 色彩模式

在了解了 RGB 色彩模式以后，还有一种非常重要的色彩模式我们也需要了解，就是 CMYK 色彩模式。色彩模式是可以互相转换的，回到示例图片，单击"图像"菜单，选择模式命令下的"CMYK 颜色"命令，就可以将照片转为 CMYK 色彩模式。这时"通道"对话框中出现了 4 个颜色通道，分别是"青色""洋红""黄色"和"黑色"，也就是我们常说的印刷四色。

我们同样可以用一张非常简单的图来理解一下CMYK 色彩模式。

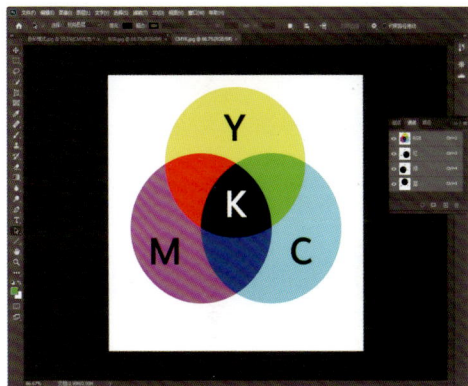

我们看下面这张图。我给它做了一些简单的标记，它的四色分别是青色、洋红、黄色和黑色，那么它们两两混合又会得到什么颜色呢？我们在 RGB 色彩模式中使用的口诀在这里依然适用。

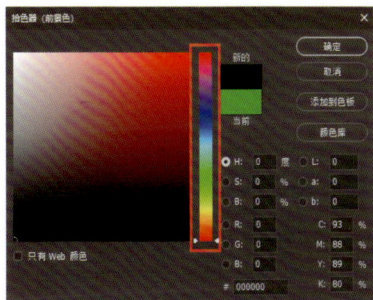

色彩变化规律如下。

黄 + 青 = 绿

青 + 洋红 = 蓝

洋红 + 黄 = 红

洋红 + 青 + 黄 = 黑

在 CMYK 色彩模式中，有人会问三者混合为什么会得到黑色？因为 CMYK 与 RGB 是相反的，RGB 色彩模式是发光，CMYK 色彩模式是印刷，发光是越来越白，印刷是越来越黑。

灰度模式

除上面两种重要的色彩模式外，还有几种色彩模式我们也会接触到。回到示例图片，单击"图像"菜单，选择"模式"命令。刚才我们通过此命令将 RGB 色彩模式转为 CMYK 色彩模式，在这里还有一个叫"灰度"的模式。选择"灰度"命令，我们就把图片转换成了灰度模式。

这时我们单击"前景色"。当转化为灰度模式时，画面中的彩色会自动转化为灰色。如果在前景色中选择红色，它会自动将红色转化成相应级别的灰度的颜色，在这种模式下所有的颜色信息都会被去除。

打开"位图"对话框，在其中设定一个分辨率，设定完后单击"确定"按钮。

位图模式

接下来学习位图模式，单击"图像"菜单，选择"模式"命令下的"位图"命令。

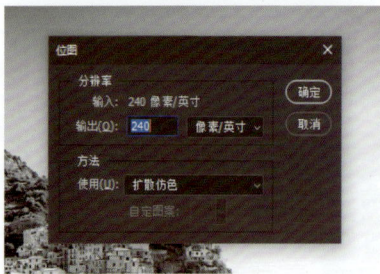

在位图模式中，只有两种颜色。

放大一个局部观察，会发现只有黑色和白色。

索引颜色模式

在早期计算机存储能力和运算能力都非常差时，想要处理一张图片，为了保持较小的文件大小，那么颜色就只有黑色和白色。

RGB 色彩模式和 CMYK 色彩模式的颜色数量非常多，而位图模式只有两种颜色，是介于两者之间的一种色彩模式。我们回到灰度模式，在"图像"菜单的"模式"命令中选择到"索引颜色"命令。

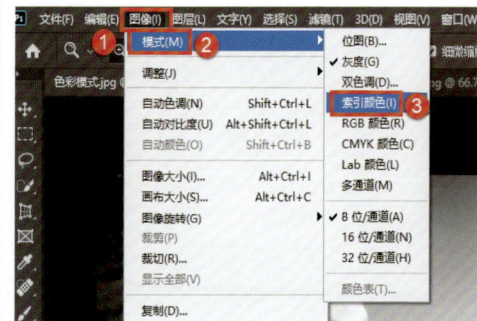

放大图片，因为转换前是灰度图，所以得到的这个图与灰度图类似。与灰度图不同的是，在这种模式下还可以选择用彩色去编辑。

另外，在"图像"菜单的"模式"命令中还有一个颜色表命令。

它是配合索引颜色使用的，在颜色表中已经有了各种各样的颜色的设定，索引颜色模式支持256 色。

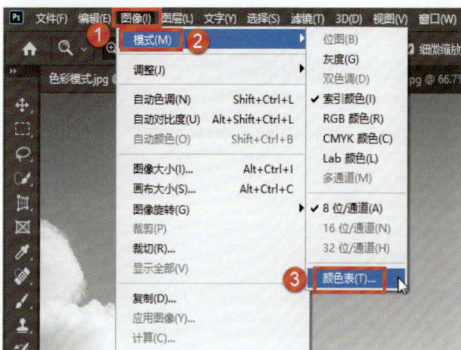

我们可以打开颜色表的下拉列表，其中有各种各样的系统自带的色谱。

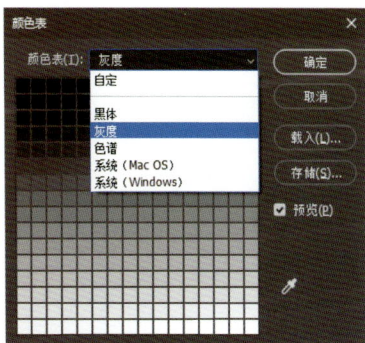

现在，索引颜色模式的应用已经非常广泛，我们在网站上下载的很多图片都是索引颜色模式，它可以把图片压缩得非常小，在网络上传播非常方便。

Lab 颜色模式

最后介绍一下 Lab 颜色模式，也可以在"图像"菜单的"模式"命令里进行转换。在本书当中，用到 Lab 颜色的场景不多，在这里就不给大家具体地展开讲解了。

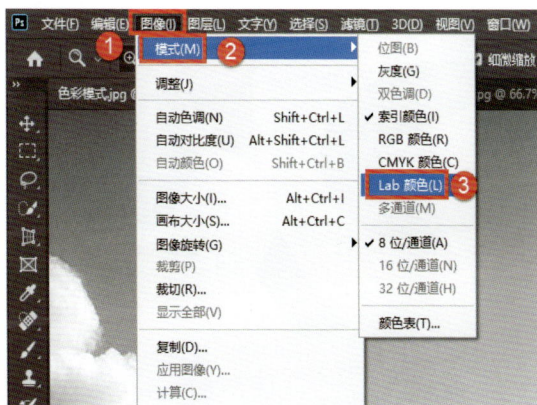

大家只需要知道索引颜色模式支持 256 色，位图模式支持两种颜色，RGB 色彩模式支持几千万种颜色，而 Lab 颜色模式拥有最多的颜色数量即可。

第 2 章

掌握图层

图层是 Photoshop 最具魅力的一种基本功能，无论是照片的日常简单处理，还是特效合成，都离不开对图层的使用。对于初学者来说，可能更想学习关于照片清晰度、明暗影调和色彩处理方面的知识，会觉得图层有些神秘。其实，图层是一种非常容易理解和掌握的 Photoshop 的基本功能，也是 Photoshop 中其他各种强大功能的载体和敲门砖。

2.1 认识图层

本节介绍图层的一些基本操作，包括隐藏与显示图层、图层编组等内容。

本节知识点

◆ 隐藏与显示图层。

◆ 图层编组。

◆ 图层的移动与遮挡。

隐藏与显示图层

打开一张准备好的素材照片，接下来就可以学习图层的基本概念及相关操作了。

首先我们要找到"图层"面板，单击"窗口"菜单，选择"图层"命令，打开"图层"面板，也可以按快捷键 F7。

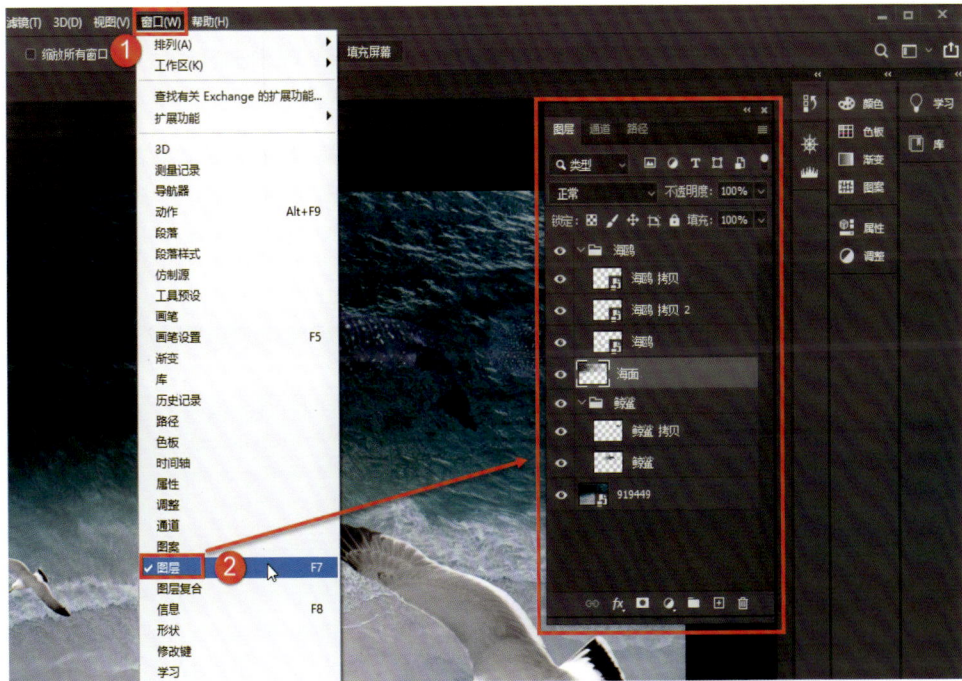

把它独立出来，大家注意，以后这个面板我会经常独立出来，你可以选择放在一个合适的位置。

现在看到的这张图片，它是由若干个画面构成的，首先来认识一下"图层"面板前面的"眼睛"图标是起什么作用的。我们单击第一个"眼睛"图标，按住鼠标左键并直接往下拖动鼠标指针，它们就全部都被关掉了，那也就是说，这个"眼睛"图标是用来显示、隐藏图层的。

如果现在想要看背景图片，把背景图层前的眼睛图标单独点开就可以了。

图层编组

下图中图层名称前的"文件夹"图标又是什么呢，这个是一个图层的文件夹，叫作编组。

编组有什么作用呢？在图中，我们可以看到有两只鲸鲨，单击编组前面的"眼睛"图标，你会发现它可以隐藏整个组的图层。除此之外，我们也可以单独显示，比如单独隐藏其中一只或者隐藏这一组，编组有一个好处就是它可以一起操作。

显示

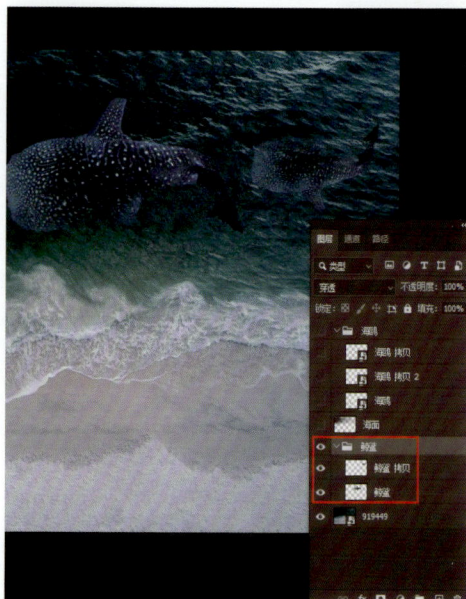

隐藏

单独隐藏

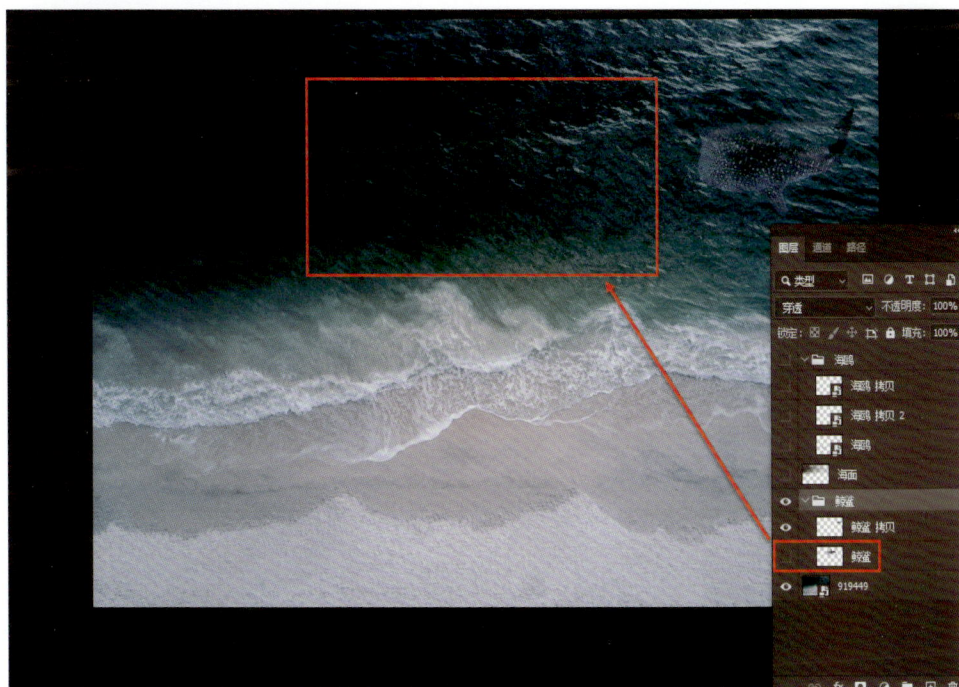

图层移动与遮挡关系

选择工具栏里面的第一个工具，即"移动工具"。使用该工具可以拖动某些对象进行移动。

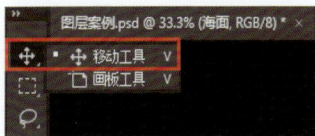

选择整个组的话，一不小心我们就会选择整个背景，这又是怎么回事？在默认情况下，Photoshop

的选择工具是自动选择图层的，即单击鲸鲨时没有点在鲸鲨上，而是点到背景上了，那怎么解决这个问题？取消勾选"自动选择"复选框，选择鲸鲨这个图层的编组，然后随便单击任何空白的位置，两只鲸鲨就一起移动了。

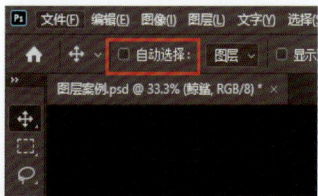

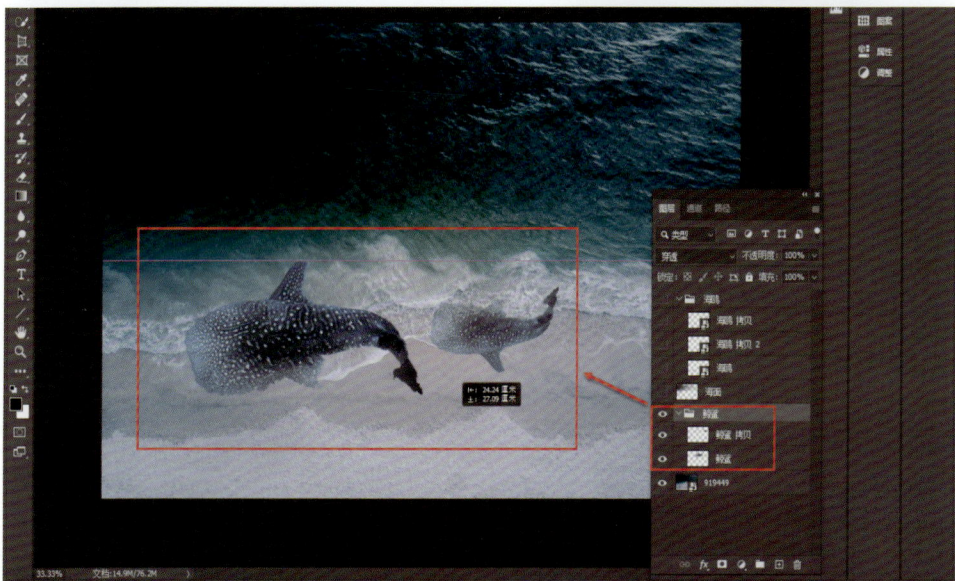

另外一种方法是我们可以对对象进行锁定，我们选择背景图层，按图所示进行操作。单击图示按钮后可以发现，图层右边出现了一个小锁形的标记，表示不允许移动。

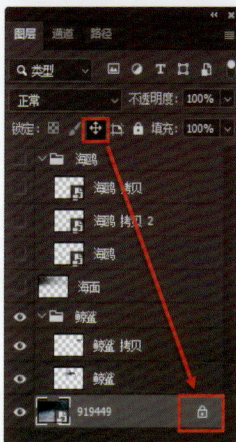

我们依次点开这些图层，可以看到海面图层要在鲸鲨图层之上，不然鲸鱼就不像是在海里面。这里，我对海鸥也做了编组，因为我希望在编辑完成后能同时移动。

当然，单独移动也是可以的，勾选"自动选择"复选框，再单击某个图层，然后拖动即可。

通过刚才的这些操作，读者有没有发现图层的一个好处？如果所有的元素和像素都在一个图层里面，那怎么编辑呢？当我们知道了图层这样重要的理念时，就可以对每一个对象单独进行编辑。

在这张图中图层还有一个非常好的作用，就是现在图中的海鸥是大的挡中的，中的挡小的，导致只能从画面中看到大的海鸥，应该怎样移动来决定它们间的遮挡关系呢？仔细观察，有没有发现图层是有上下顺序的？我们可以通过改变图层的顺序来决定谁阻挡谁。

本节让大家了解了图层的一些基本概念和基本的操作，并且理解了这个图层在 Photoshop 的操作里面为什么是一个核心的理念。

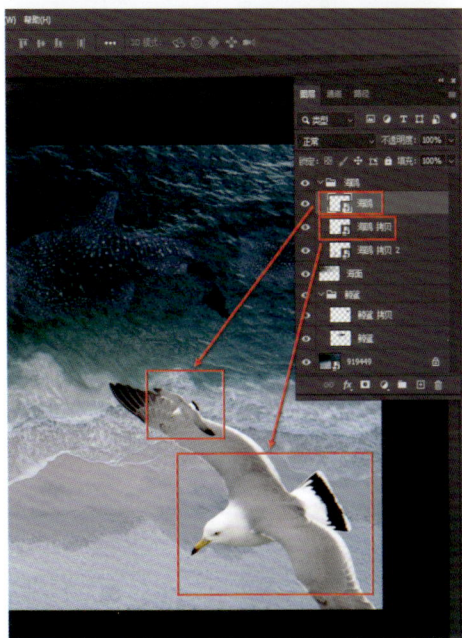

2.2 图层的基本操作与变换

本节介绍 Photoshop 软件中关于图层的更多的基本操作和变换状态。

本节知识点

◆ 复制与叠加图层。

◆ 图层变换。

复制与叠加图层

首先打开海面的图片。

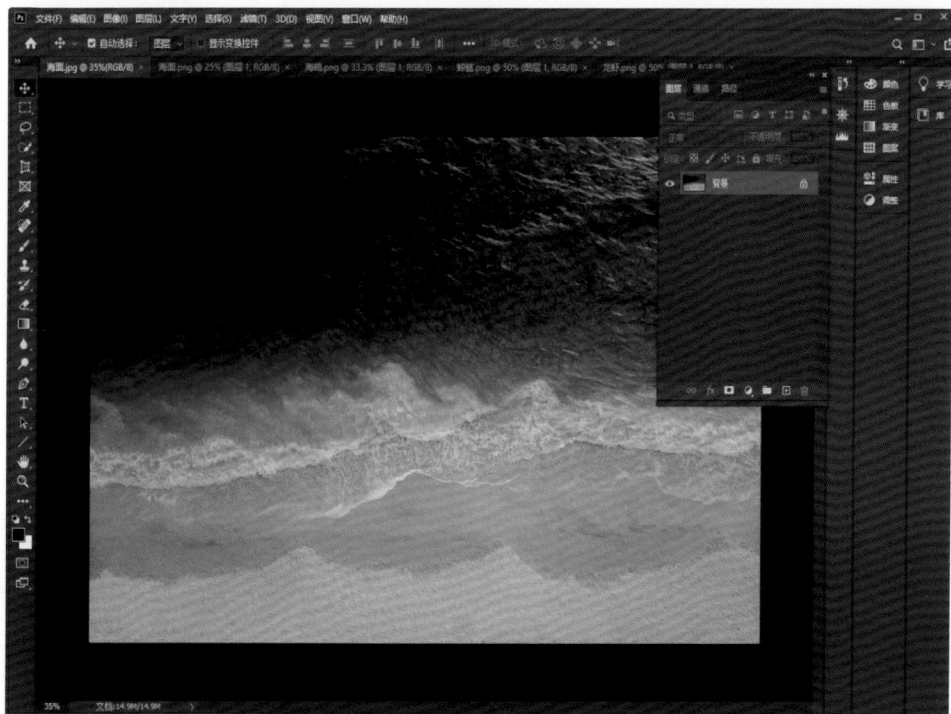

再打开鲸鲨的图片，选择"移动工具"，按住鼠标左键并进行拖动，把鲸鲨拖入海面的图片中。

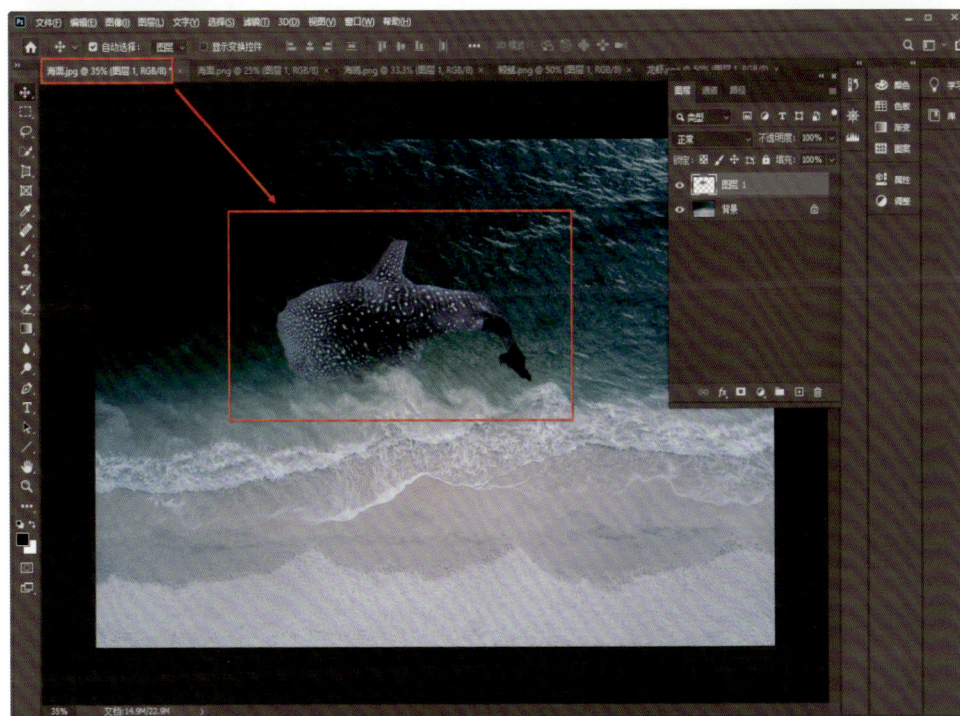

接下来再复制一个鲸鲨的图片，按住 Alt 键，鼠标指针变为双箭头后拖动。这时观察"图层"面板，会发现出现了一个叫"图层 1 拷贝"的图层。

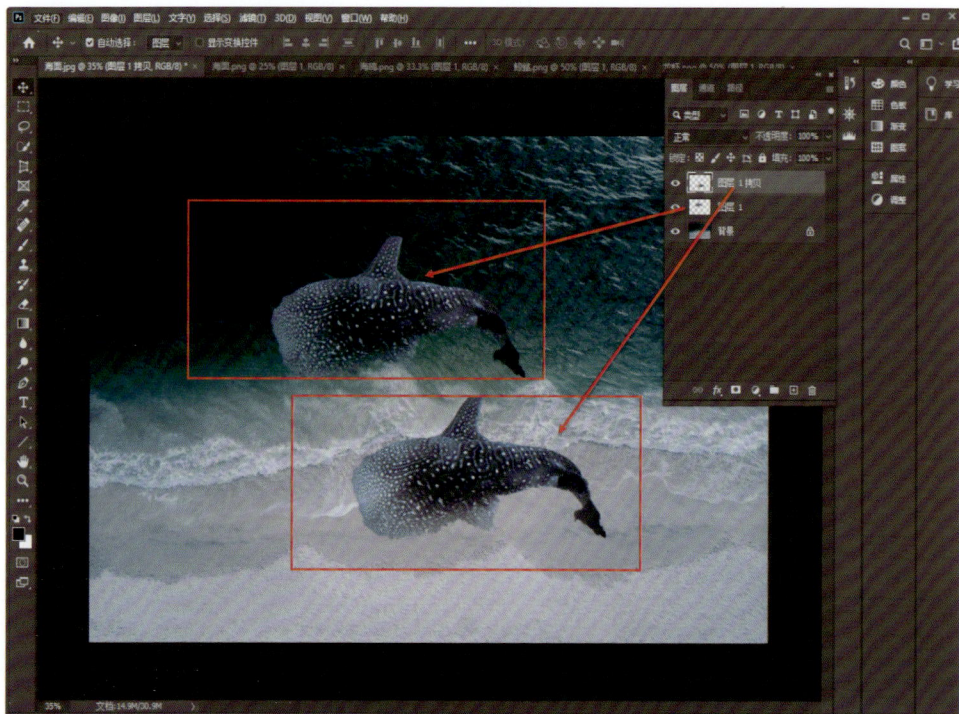

图层变换

为了使两只鲸鲨有所不同，需要执行"编辑"菜单中的"自由变换"命令（快捷键是 Ctrl+T），然后拖动该图片就可以对该图片进行等比例缩放，注意，在旧版本中进行等比缩放时需要按住 Shift 键，而新版本不需要。

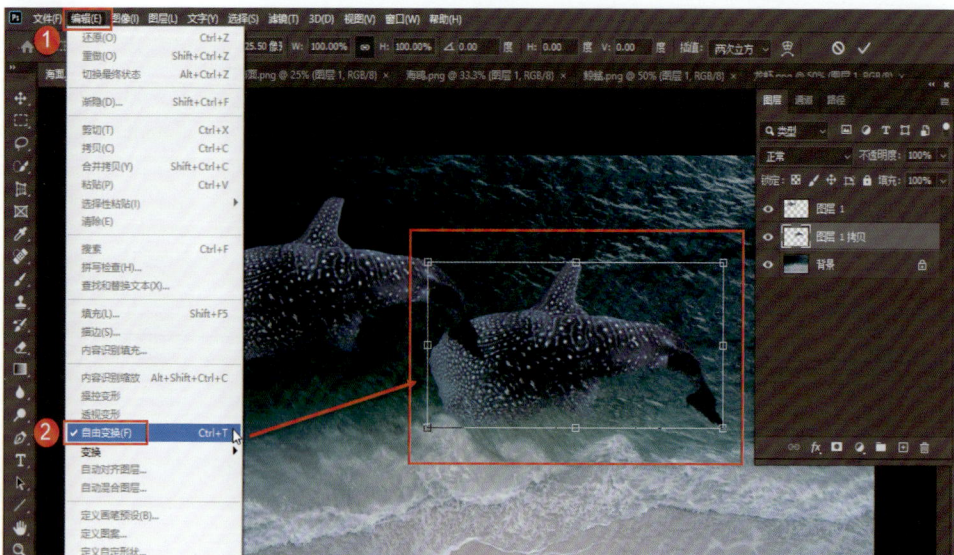

图片中两条鲸鲨的尾巴都朝向一个方向，这时我们可以调整一条鲸鲨尾巴的方向。还是使用"自由变换"命令，在需要调整的地方右击，可以看这里有很多关于变换的命令，选择"垂直翻转"命令。

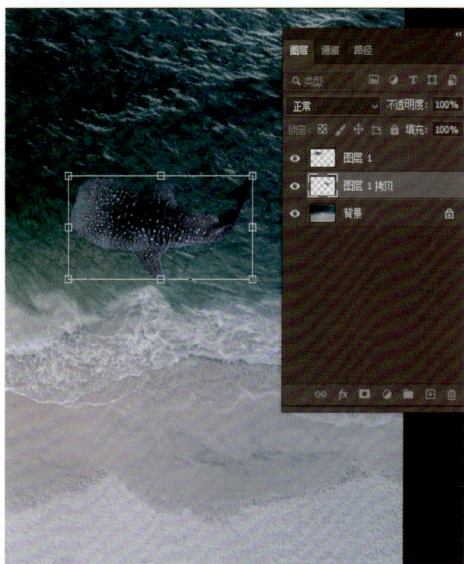

再稍微旋转一下图片，拖动图片外框拐弯处的图标就可以进行旋转的操作。

为了让鲸鲨的形态有一定的变化，可以执行变形命令，单击"变形"命令后，图形周围会出现一个九宫格，它的外框有些控制点，拖动任意一个控制点或格子，鲸鲨就会相应地产生一些形变，使它和第一条鲸鲨不一样。调整之后单击"提交变换"按钮。

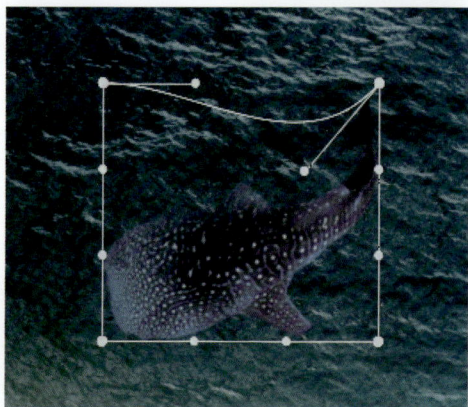

接下来调整它的透明度。找到"图层"面板，有"不透明度"的设置，100% 就是完全不透明，50% 就是半透明。另外还有一个快捷的方法，选择目标图形，直接按数字键盘上的 5 就是 50% 的"不透明度"。

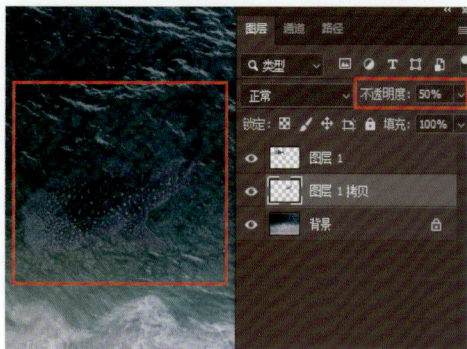

下面再介绍一种简单实用的操作方法，单击"不透明度"旁的下拉箭头，然后可以任意地拖动三角图标来得到想得到的透明度。

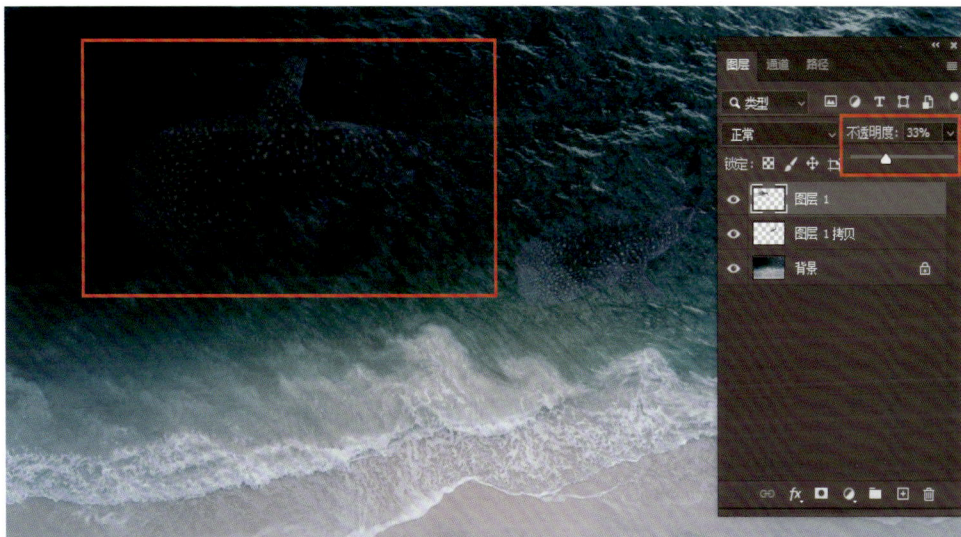

现在要增强鲸鲨被海洋覆盖的效果，可以再找一个海面的素材，使用"移动工具"把它拖曳到现在的海面上，放在一个合适的位置。

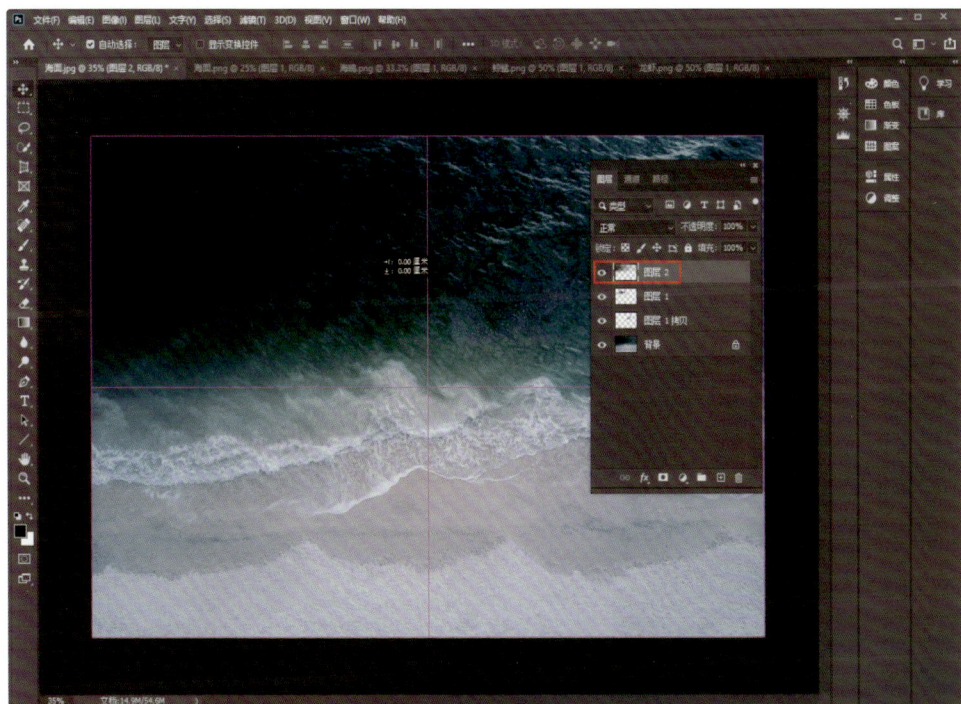

我们发现经常要选择这两条鲸鲨进行各种操作很不方便，这时可以进行图层编组，首先选择一个图层，按住 Shift 键，再选择另外一个图层，然后按快捷键 Ctrl+G 就可以将这两个图层设为一个编组。

当选择完两个图层以后，还有另外一种方法可以进行编组，单击"新建图层"按钮创建新组，可以把两个或多个图层编为一组。

为方便对图层进行管理和选择，可以对图层进行重命名，找到要重命名的图层，双击图层名称，就可以给它重命名。

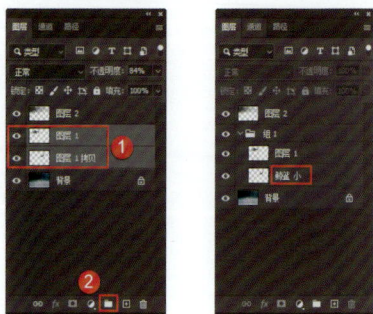

2.3 智能对象与图层管理

本节介绍将图层转换为智能对象与图层内容的管理。

本节知识点

◆ 将图层转换为智能对象。

◆ 图层合并。

◆ 图层的链接。

智能对象

打开海鸥的素材，使用"移动工具"把它拖入要操作的文件。

　　注意，对象一旦放置进来以后，需要把它转成智能图层，在图层上右击，在弹出的快捷菜单中选择"转换为智能对象"命令，将图层转换为智能对象。

　　以鲸鲨为例进行对比，放入一个鲸鲨的图像，不设为智能对象，通过"自由变换"命令将其缩小，再把它放大，可以看到这只鲸鲨经过缩小和放大，由于像素损失而变模糊了，而海鸥转为智能对象后再进行自由变换，像素不会损失。

经过多次缩放之后，鲸鲨的图形变模糊，而海鸥还是比较清晰。

因此，将图层转换为智能对象有一个非常大的好处：放大或缩小图层若干次，不会损失像素内容，可以确保图片的清晰；只有将智能对象转换为正常图层时才会损失一定像素。

把鲸鲨删掉，选择"移动工具"，选中海鸥，将其放到合适的位置。

图层管理与链接

在这里教大家一个复制图层的新方法，按 Ctrl+J 快捷键，此时会出现所选图层的复制图层。把它拖出来，然后调整图层顺序和图像的大小形状，按 Enter 键确定操作。

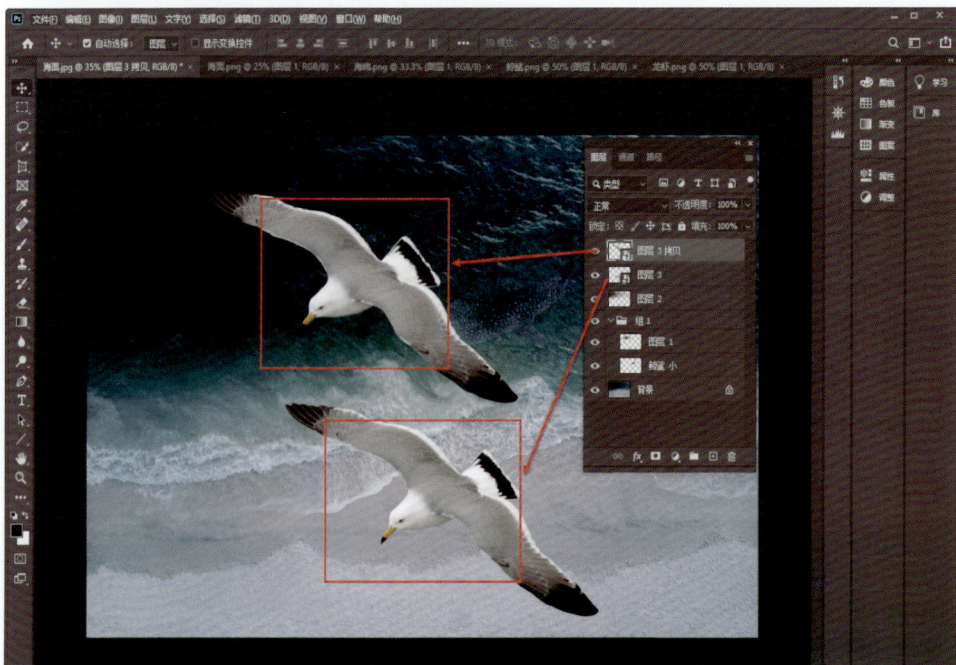

同理，也可以再创建一个海鸥图像的复制图层。

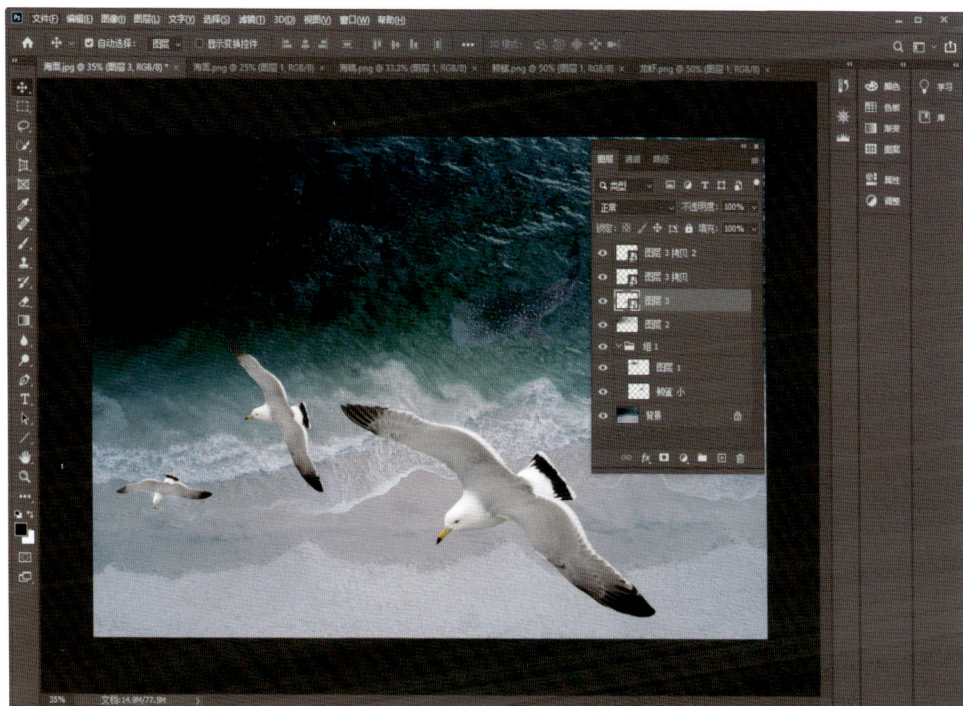

出现很多海鸥图像以后，为方便管理，可以进行一个图层的编组。

除此之外，还可以进行图层的链接，选择其中一只海鸥的图层，按住 Shift 键选择其他几个海鸥的图层，单击"图层"面板左下角的"图层链接"按钮，然后会发现所选图层图标的右下角都出现了一个链接图标。

任意移动其中一个图层，其所链接的所有图层都会进行移动。

也可以进行编组，再进行移动。

　　如果不需要再对多个图层进行单独操作，为了使图层更加简洁，便于管理，可以对图层进行合并。选择要合并的多个图层，在"图层"菜单里面单击"合并图层"命令，所选图层就变成一个图层。

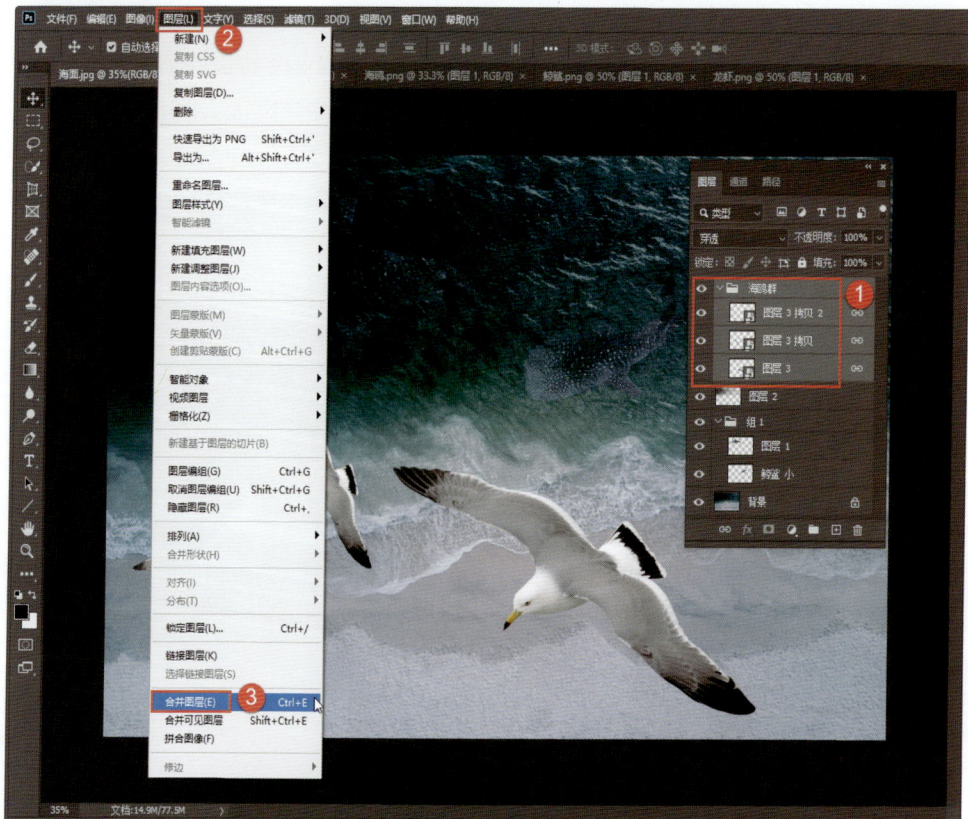

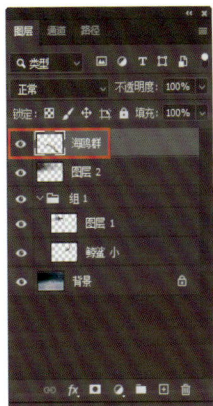

除此之外，智能对象图层还可以进行链接的替换，可以把其中的一些元素替换成另外一些元素。比如将海鸥替换为龙虾：准备一个龙虾的素材，找到其中任意一个海鸥的图层，右击，选择"重新链接到文件"命令，单击所准备的龙虾的图片，然后3只海鸥的图像就全部都替换为了龙虾的图片。

第 3 章

学会使用选区

相对于图层，选区的概念可能更容易理解，并且选区的建立和取消等操作也是非常简单的，本章将介绍选区的概念、选区的运算，以及不同选区工具的使用方法。

3.1 选区的概念

本节我们来学习选区的基本概念和操作。

介绍图层功能的同时，我们介绍了"移动工具"的基本使用方法，在图层没有被锁定的前提下，使用"移动工具"可以移动整张照片的位置。但如果我们只想移动照片中的某一个局部区域该怎么办呢？可以使用选区。借助选区，我们可以把所需的局部区域抠选出来，然后对选区内的部分进行单独的调整。

本节将首先介绍一些能够快速抠选选区的工具，如"魔棒工具""快速选择工具"。在学习完这些工具之后，大部分想要的对象都能够快速地被抠取出来。

本节知识点

◆ "魔棒工具"。

◆ 反选选区。

◆ 羽化边缘。

◆ "快速选择工具"与边缘收缩。

"魔棒工具"、反选与选区羽化

打开素材照片后，可以看到这个案例是由几张简单的素材图片合成到一起的。逐个显示这些图层，可以看到这张图片由一个猫的图层、一个蝴蝶结的图层和背景图层构成。

首先看一下蝴蝶结的图片是怎么抠取出来的。打开一张蝴蝶结的图片，然后在左侧工具栏中选择"魔棒工具"。

选择蝴蝶结外围的白色，因为"魔棒工具"的特点是选择颜色相近或类似的地方，之后通过反选得到想要的部分。

选择"魔棒工具"后在蝴蝶结外围的白色区域上单击，可以快速为这些白色区域建立选区。

选择后发现蝴蝶结外围的部分区域没有被选中，这是因为"魔棒工具"选择的是颜色相近的区域，而未被选中的区域的颜色与我们选择的颜色的差别超出了容忍的范围，即超出了容差值。

如果希望选择更多的颜色不同的区域进来，那么应该把容差值改大。在这个案例中，容差值改到"100"左右是比较合适的。修改容差后再次在白色区域单击，选区会更加准确。但按 Ctrl++ 快捷键（在 Mac OS 系统中为 Command++ 快捷键）放大观察会发现，依然有部分区域未被选中。

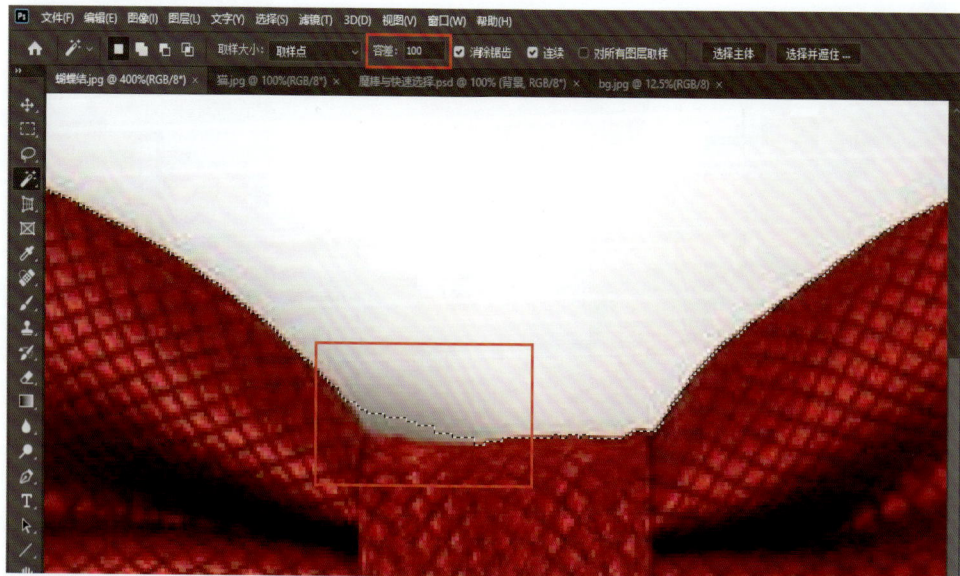

如果认为这个选区做得不是很好，可以单击"选择"菜单，选择"取消选择"命令取消选区（快捷键 Ctrl+D）。

在这个案例中，我们重新选择一个靠近蝴蝶结、颜色偏灰的区域，它的颜色将会与蝴蝶结外围的区域的颜色更接近，从而可以得到一个比较合适的选区。

此时选择的是蝴蝶结外围的白色，但我们要选的是蝴蝶结，所以要在"选择"菜单中选择"反选"命令。

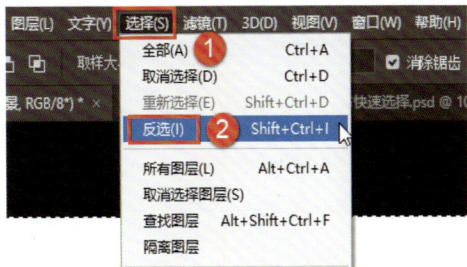

按 Ctrl+J 快捷键（在 Mac OS 操作系统中为 Command+J 快捷键），复制和提取选区内的蝴蝶结部分，并将其保存为一个单独的图层。之后隐藏背景，然后放大观察图片，会发现蝴蝶结外围有比较多的锯齿。

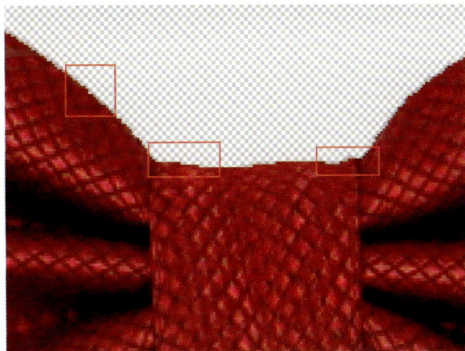

这时我们执行两次执行菜单中的"撤销"命令（快捷键 Ctrl+Z），回到已经建立选区并进行过反选的状态。

在"选择"菜单中选择"修改"命令中的"羽化"命令，通过该命令能够使选区的边缘进行柔和的过渡。

我们执行"羽化"操作，"羽化半径"值越大，过渡区域就越大，在这个案例中可以将"羽化半径"的值设定为 1，然后按 Enter 键完成羽化。

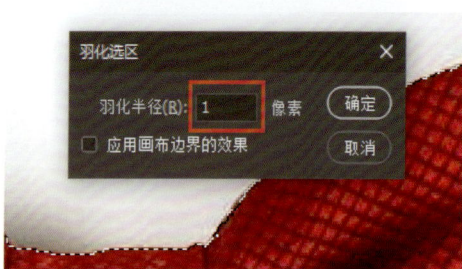

执行完羽化后再按 Ctrl+J 快捷键提取选中的图形，然后隐藏背景，可以发现它有一个很柔和的虚化的边缘。

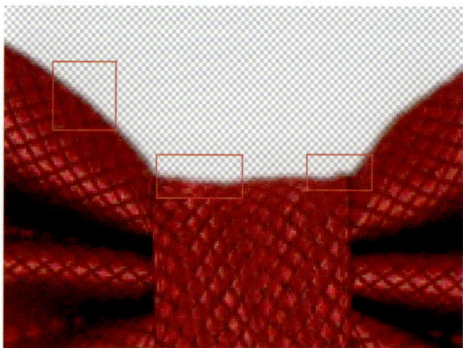

最后使用"移动工具"将其拖曳到背景画面中。

"快速选择工具"与边缘收缩

接下来我们准备把猫咪的图片抠出来，然后放到准备好的背景图层当中。

这张图没有纯色的背景，用"魔棒工具"选不出来，这时可以使用"快速选择工具"。

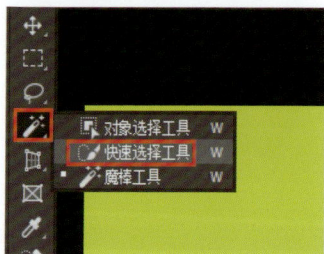

在目标图形上按住鼠标左键并进行拖动，会默认加载一些选区。

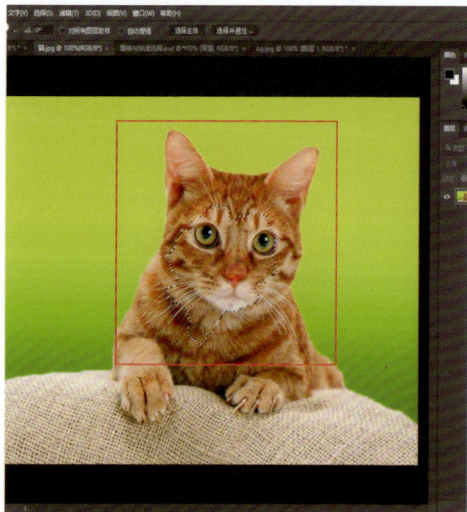

选择完成后按 Ctrl+J 快捷键提取选区内的对象，然后隐藏背景，放大图片会发现有些细节依然不是很好，背景的颜色渗透在猫咪的身边，产生了一个边缘。

为了解决这个问题，我们执行两次"撤销"命令，退到刚建立选区后的步骤上。选区除了可以进行羽化这样的修改以外，还可以进行扩展或收缩。在本图中，如果把选区收缩一点，边缘就可以被控制在选区外面。单击"选择"菜单，选择"修改"命令，选择"收缩"命令。

在打开的"收缩选区"对话框中，将"收缩量"设定为"2"个像素单位，然后单击"确定"按钮。

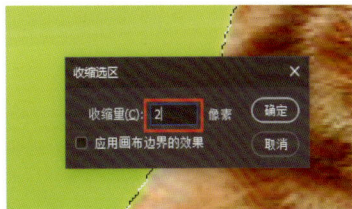

收缩选区，就可以隐藏背景，再放大观察抠取出来的图像，可以看到，边缘的绿边基本上没有了。

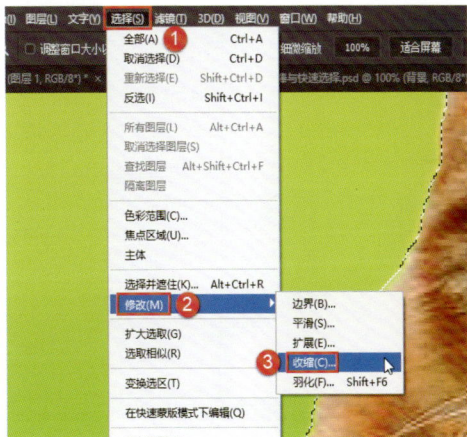

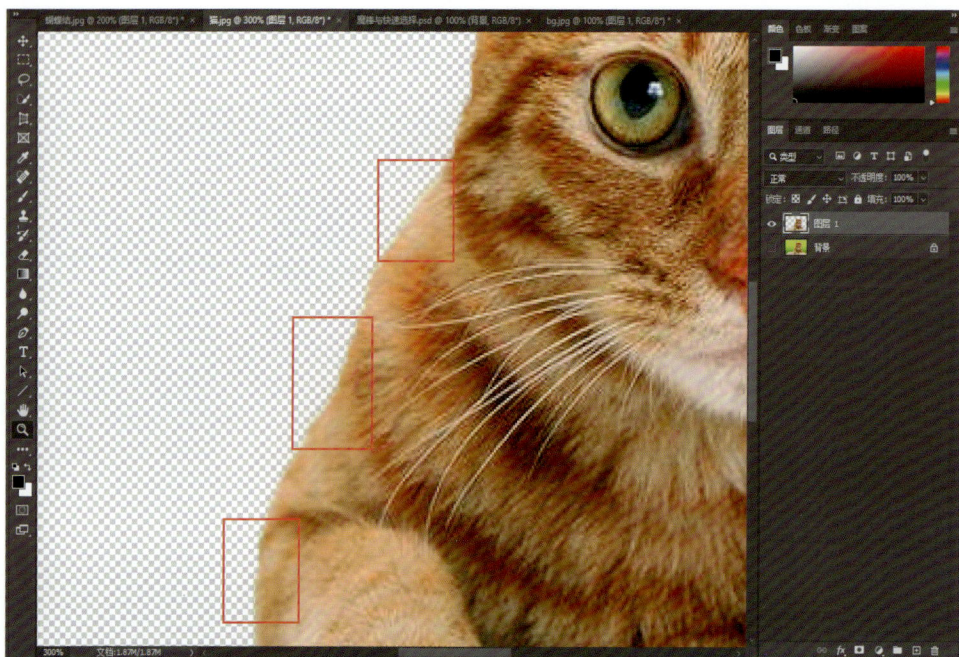

猫咪抠好后把它拖到背景画面中，然后移动蝴蝶结，调整图层顺序，使蝴蝶结挡住猫咪，再调整蝴蝶结的大小和角度，最后按 Enter 键确定操作。

这样，一个简单的抠图与合成案例就制作完成了。

3.2　剪贴蒙版与选区运算法则

选择不同的对象时，要根据画面特点来选择不同的选择工具，并且选区不可能一次就成型，很多时候需要对选区进行增加或者减少，让选区更加准确地将目标对象抠取出来，这种选区的增加或减少就叫选区的布尔运算。

本节除介绍选区的布尔运算之外，还会介绍对选区对象进行剪贴蒙版、颜色填充等操作。

本节知识点

◆　选区运算法则。

◆　颜色填充。

◆　剪贴蒙版的应用。

选区运算法则

打开素材照片，可以看到这是一个小女孩拿着一本书的图片。首先看一下它的图层结构，它是由右上角Ps 的图标、书本的封面和背景的素材构成。

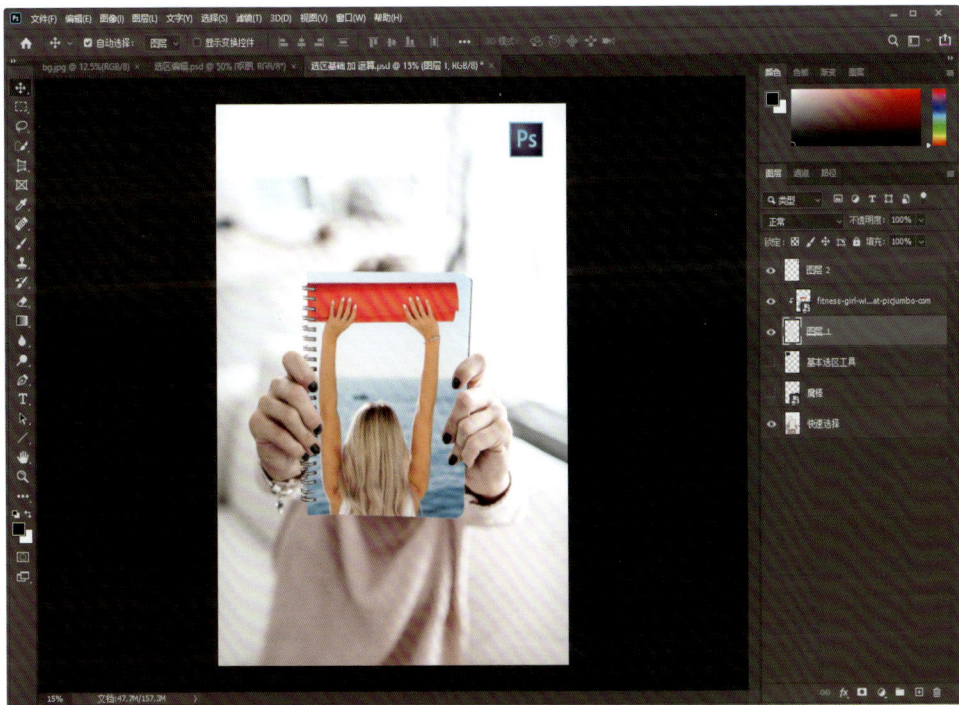

在"图层"面板中，选中的图层是图层的剪贴蒙版。

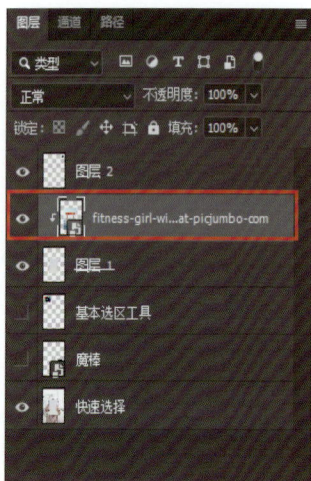

首先在附赠的素材中找到本图片，将其打开，我们需要用"选区工具"把目标区域选出来，一般情况下的首选就是用"快速选择工具"在画面拖动得到选区。把局部放大会发现，有些多余的区域也被选中了。

在上方的属性栏中，有一个带加号和一个减号的画笔。

在初次建立选区后，要对选区进行增加或减少的操作，就可以选择带加号或是减号的画笔进行调整。得到第一次的选区后，可以继续拖动鼠标指针选择要增加或减少的区域，这就是选区的运算法则。在这个案例中要减掉选区，选择带减号的画笔后单击选择要排除在选区以外的区域即可。

在属性栏中可以调节笔触的大小。

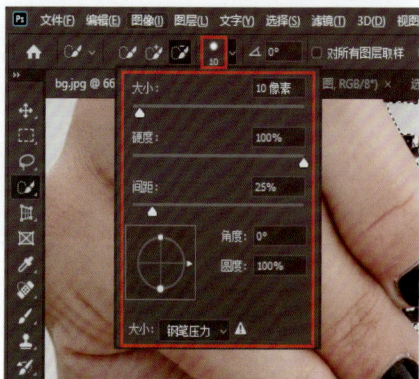

剪贴蒙版的应用

对选区的调整完成之后，在"图层"面板右下角，单击"新建图层"按钮新建图层，填充前景色（快捷键 Alt+Delete），此时前景色为红色，所以填充的颜色是红色。

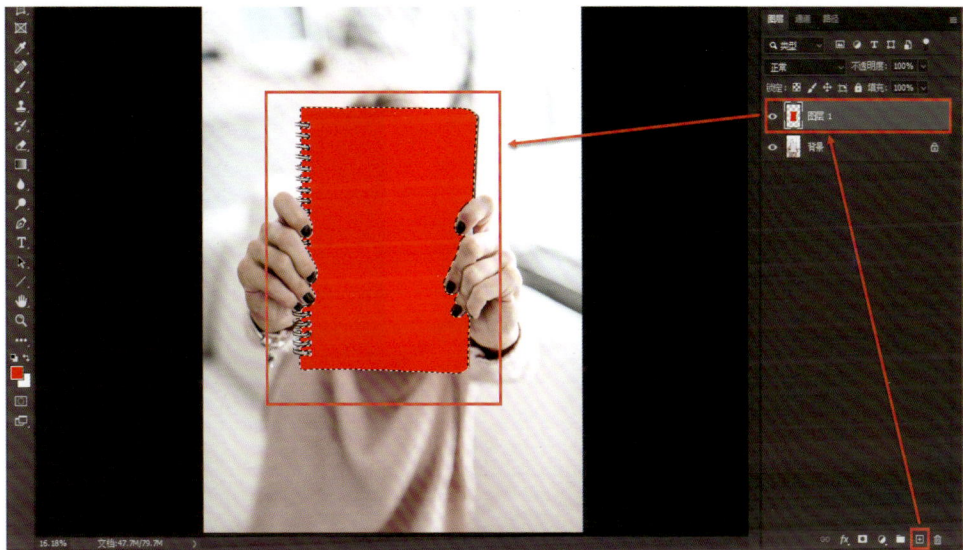

填充完成后按 Ctrl+D 快捷键取消选区。

接下来打开另外一个素材，即书的封面。

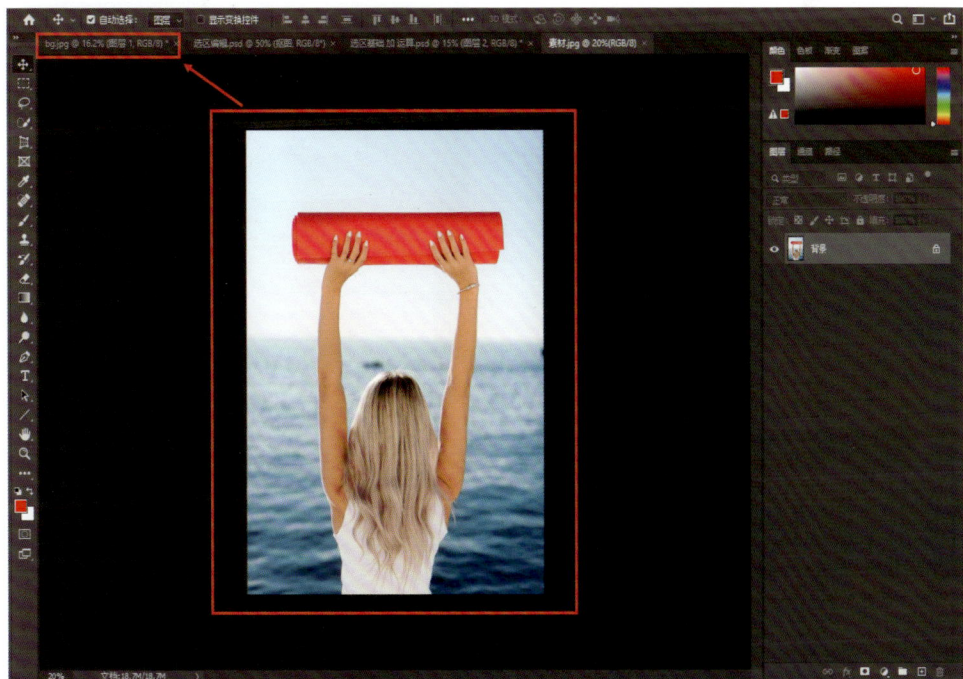

使用"移动工具"，将书的封面素材放到合适的位置。

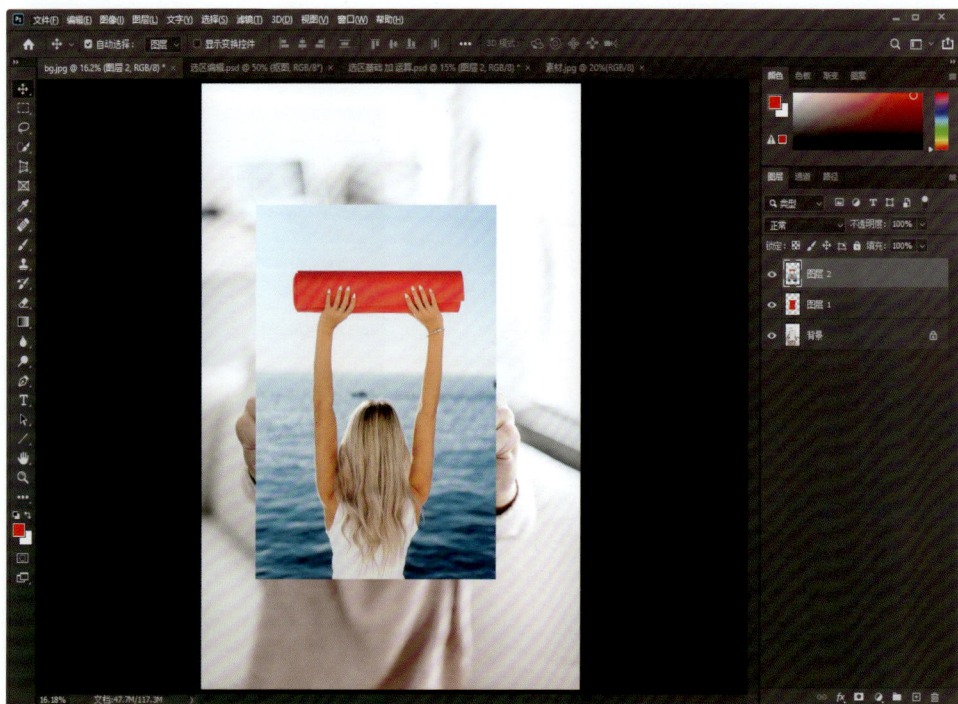

接下来执行剪贴蒙版的操作。

在剪贴蒙版中，会由下面的图层决定剪贴的图形的形状（本例中为红色色块的形状），由上面的图层来决定剪贴图形的内容。

单击"图层"菜单，选择"创建剪贴蒙版"命令。

然后执行"创建剪贴蒙版"命令，上面的图像就被限制在下面这个图层的形状里面了。

现在大家知道为什么我要新建图层了吗？因为在剪贴蒙版中，需要使用两个图层才能得到这样的效果。剪贴蒙版是两个图层共同作用的一个结构，所以这两个图层都是可以单独编辑的。

上面和下面这两个图层都是可以移动的，可以随意放在任何一个位置。

同样的，其他的一些图形也可以通过剪贴蒙版而单独进行编辑和控制。

切换到之前打开的合成图片中，可以看到图中还有 Ps 的图标。针对 Ps 的方形图标，可以使用"矩形选框工具"直接进行选择。

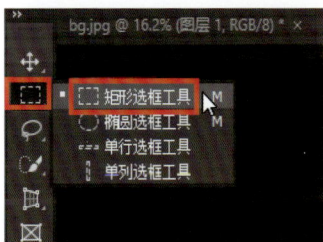

找到 Ps 图标所在图层，单击该图层，直接用矩形将其选择出来。

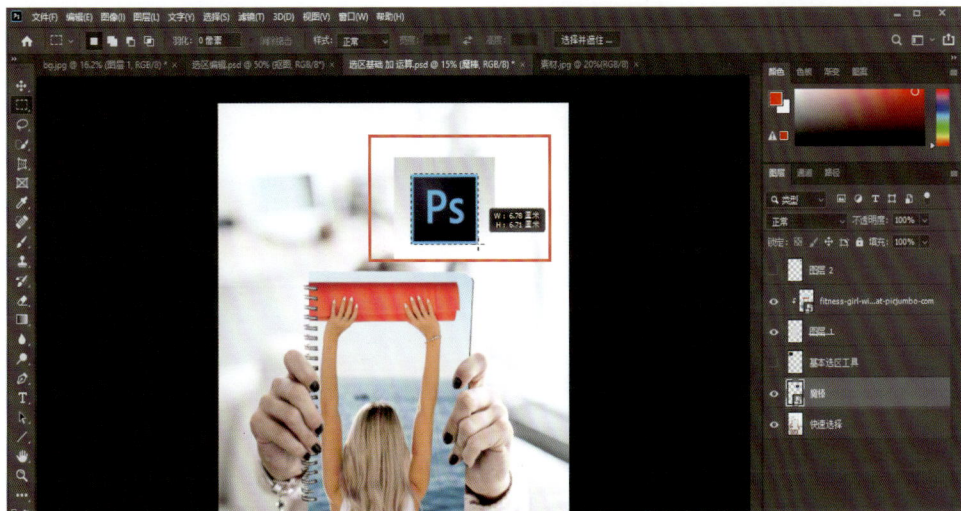

按 Ctrl+J 快捷键，将选区内的对象提取出来，然后选择"移动工具"，选中提取出来的对象，放到 bg 图片当中。

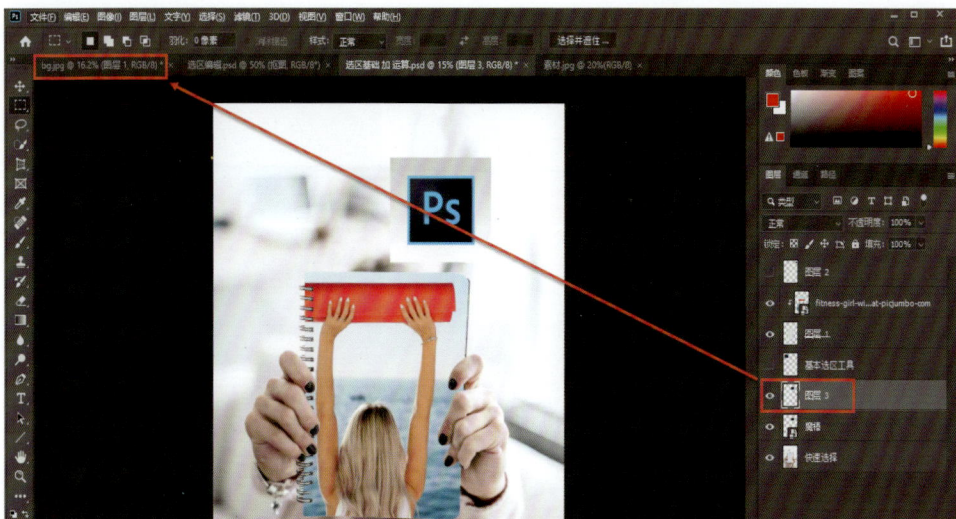

然后调整图形的位置和大小。

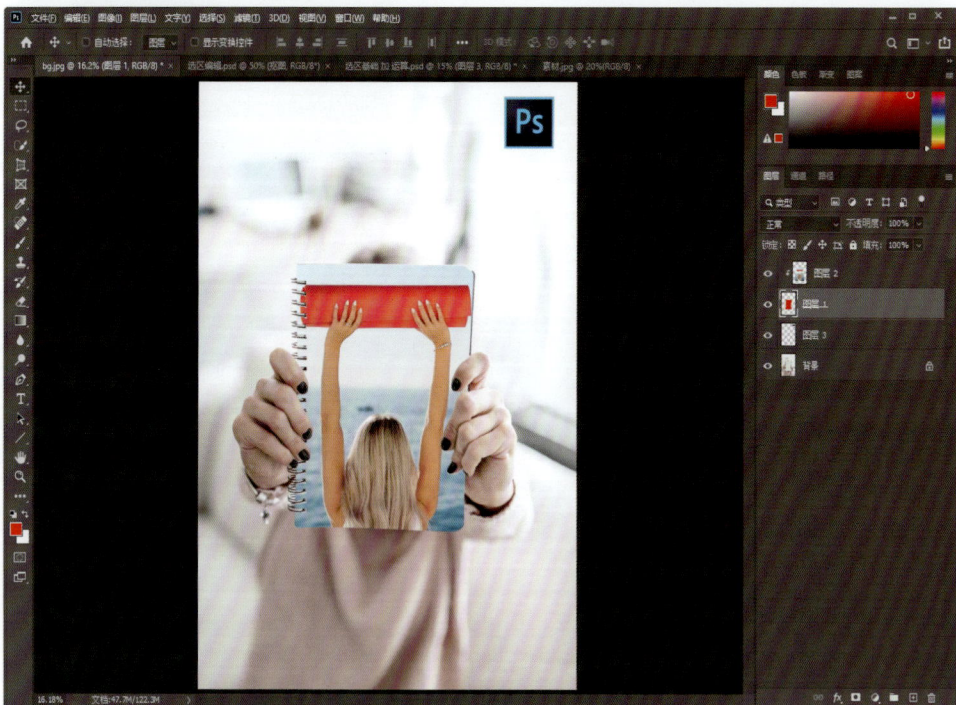

这样，后续再制作剪贴蒙版去掉图标的边缘，这里不再赘述。

3.3 利用色彩范围建立并调整选区

有些对象是很难抠的,例如毛发效果。要抠取这种对象,用"魔棒工具""快速选择工具"完成的效果都不是很好。本节教大家用调整画笔的方式来解决这种问题。

本节知识点

◆ 选择并遮住。

◆ 色彩范围。

◆ "套索工具"。

利用选择并遮住调整选区边缘

我们看下面这张人物图片,这个图是已经抠好了的,把该图层隐藏,剩下的部分是一个背景网格画面。你会发现她的毛发全部都被抠出来了。

它的原稿如下图所示。

这个图应该怎么去抠呢?

我们给大家演示一下,首先你要用一些基本的选区工具把它大概抠出来,此处用我们已经讲过的"快速选择工具"。选择"快速选择工具"以后还要调整一下笔触的大小,类似的工具都具备笔触大小的更改功能。

在这里将"快速选择工具"的笔触改大就可以了,调整完以后在画面当中按住鼠标左键进行拖动,把这个人物大概抠出来。

然后按 Ctrl+J 快捷键提取抠出的对象，拖入网格背景图，放在网格背景图图层的上方，可以看到抠图的效果是很差的。

这是不行的，删掉抠出的这个图层，再删掉背景网格图层，回到人物照片的初始状态。再用"快速选择工具"把人物快速选择出来，要想得到比较细腻的发丝效果，需要调整边缘，这可以通过选择并遮住功能来实现。

在工具的属性栏中单击"选择并遮住…"按钮。

打开"选择并遮住…"的"属性"对话框。并不是只有"快速选择工具"具备这个属性，所有的选区工具都具备这个属性，也就是说，任何的选区工具都可以使用选择并遮住功能。

在"属性"对话框中，默认视图是图层视图，这种视图不容易看出来最终抠图的效果，建议大家选择黑白视图，这样就会看到完整的抠图效果。

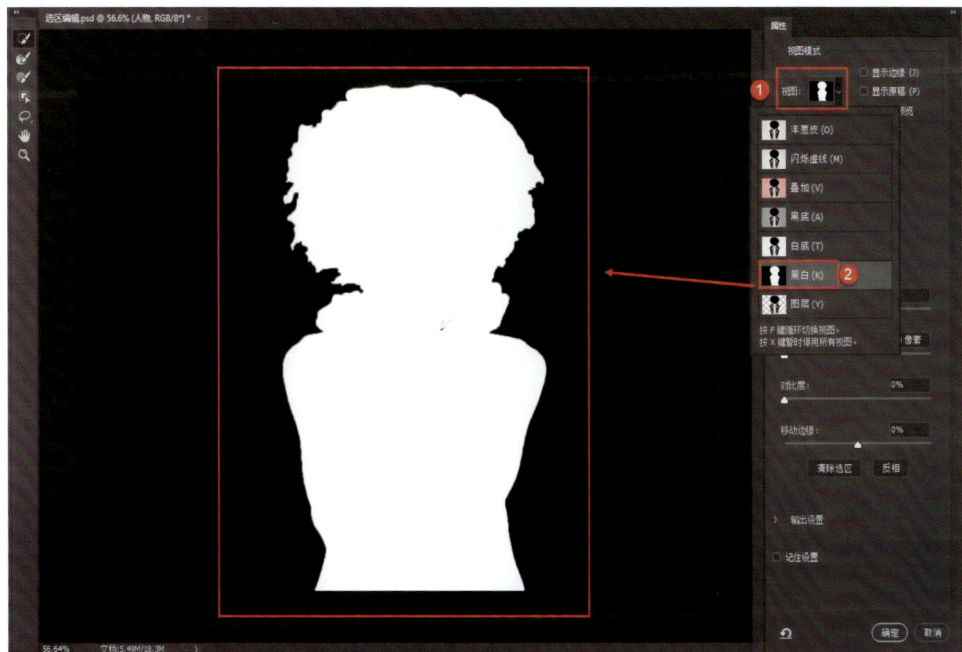

在左边的工具栏中，选择"调整边缘画笔工具"，并调整笔头大小，沿着人物边缘进行涂抹，不需要进行任何的变化，大家可以看到人物发丝的效果全部都出来了，比我们用其他的工具来进行抠图的效果好。单击"确定"按钮返回。

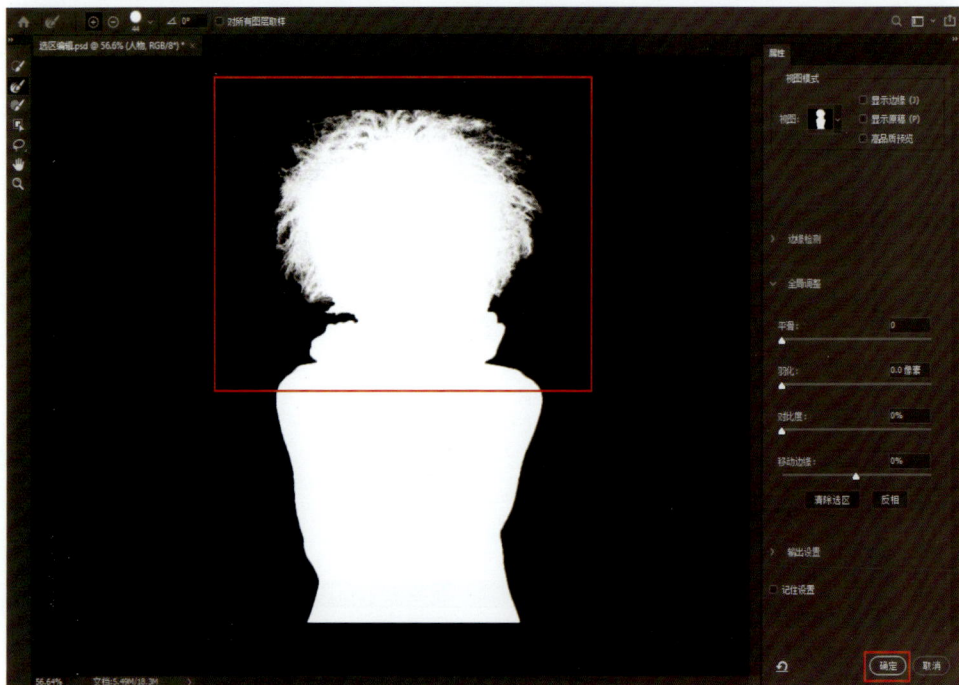

这时可以看到人物边缘的发丝抠图效果十分细腻。

按 Ctrl+J 快捷键把抠出的对象提取出来，然后再拖入网格背景图中，调整图层次序，可以看到发丝的效果非常好。

这样我们就知道了，用选择并遮住和调整画面边缘等功能，能够轻松搞定这种丝状的头发、动物的毛发的抠图。

利用色彩范围抠图

本节还要介绍另外一种非常强大的选择工具——色彩范围。

在这张图里，要把图中的蛋黄抠出来，应该怎样操作呢？

我们打开素材图层后，单击"选择"菜单，选择"色彩范围"命令。

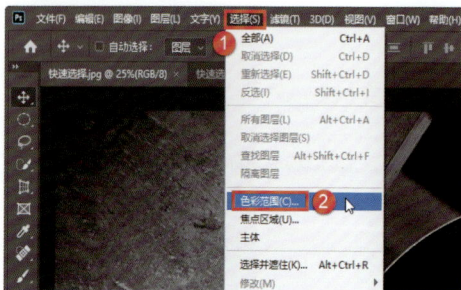

之后会打开"色彩范围"对话框。

默认情况下鼠标指针会变成吸管工具，鼠标指针点到哪里，它就会选择那一部分的颜色。比方说点到了蛋黄的这个部分，你会发现与蛋黄颜色相近的部分会变白（"色彩范围"对话框中的黑白预览图中），这表示变白的部分将会被选择出来。

为什么预览图中的蛋黄会缺一块呢？这是因为漏掉的区域与单击取样位置的色彩或明暗相差过大。要将漏掉的区域补充进来，可以调整"颜色容差"值，"魔棒工具"的容差值和色彩范围的容差值是完全一样的。

将"颜色容差"值调大，蛋黄就被全部选出来了，然后单击"确定"按钮就可以返回到选区。

得到了3个蛋黄的选区以后，我们想要进行调整，只想要其中一个，那怎么办呢？

此时，对选区做布尔运算，所有的工具都可以做布尔运算。这时可以使用"套索工具"，"套索工具"是所有选区工具中非常灵活和自由的一种，可以通过拖动鼠标绘制一个大致的范围，得到我们想要的效果。

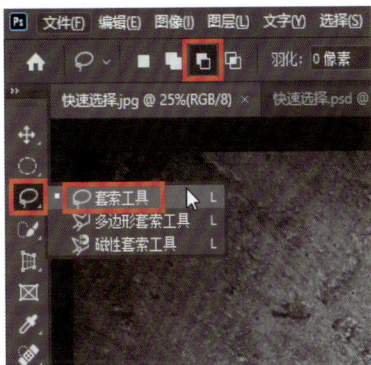

选择"套索工具"，选择"减法"，把多余的地方全部剪掉。这样，减去两个蛋黄的选区，只保留了一个蛋黄的选区。

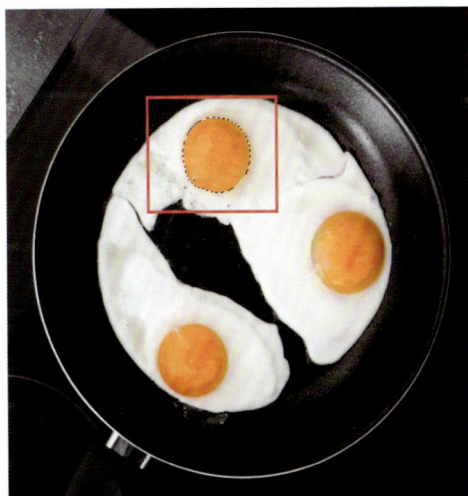

做好了我们想要的选区以后，按 Ctrl+J 快捷键把它提取出来，然后把它移动到你想要的位置。

当然，也可以按住 Alt 键拖动蛋黄，即可将蛋黄复制到其他位置。

如果感觉复制出来的蛋黄过大，可以按 Ctrl+T 快捷键把它调小，之后按 Enter 键确定操作即可。

第 4 章

高级设定与画笔应用

画笔是 Photoshop 中非常重要的一款工具，该工具既可以单独使用，又可以与其他功能相配合，实现多种效果。本章将详细介绍"画笔工具"的使用方法、设定技巧，以及根据使用者的需求来自定义画笔，以实现某种特殊效果等内容。

4.1　基本设置

本节介绍 Photoshop 中画笔的设置与使用技巧。掌握了画笔的设置与使用技巧以后，就可以借助 Photoshop 进行一些特定的艺术创作。

本节知识点

◆　"画笔工具"。

◆　动态画笔的设置。

◆　"动感模糊"滤镜。

画笔的设置与使用技巧

来看一下下面这张图片，是一个雪地的场景，但其实没有下雪，飘雪是后期制作的效果。

这种飘雪的效果，就是通过"画笔工具"来实现的。

首先我们来看一下这张图的图层结构，这里有4个图层，其实就是想模拟大景深的感觉。它有不同的层次，近处有一些比较大的雪花，远处有些比较小的细的雪花，然后有一个方向性的模糊。

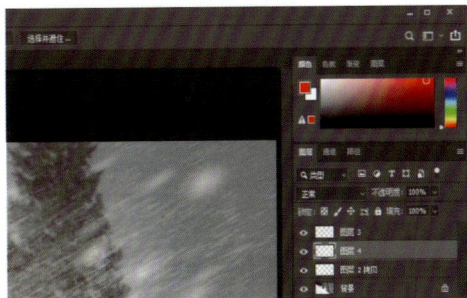

首先把这几个图层全部隐藏，然后单独新建一

个图层来绘制我们刚才看到的雪花。单击"图层"面板，单击"新建图层"按钮，然后在工具栏里选择"画笔工具"。

在这里做一个小小的提示，很多读者一不小心可能会选择"铅笔工具"，而且还会认为"铅笔工具"跟"画笔工具"是一样的，其实"铅笔工具"跟"画笔工具"有非常大的区别。

选择了"画笔工具"以后，在属性栏里打开"画笔预设选取器"，可以看到"硬度"设置，把"硬度"调到"100%"，然后拖动鼠标在照片上进行涂抹，可以看到画笔边缘是非常硬的。

把"硬度"调到"0%"后再进行涂抹，会发现涂抹区域的边缘就变得非常柔和了。

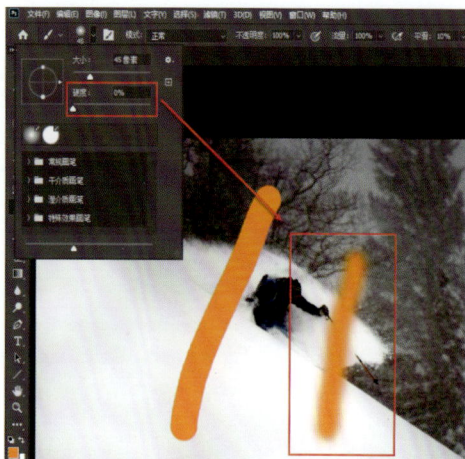

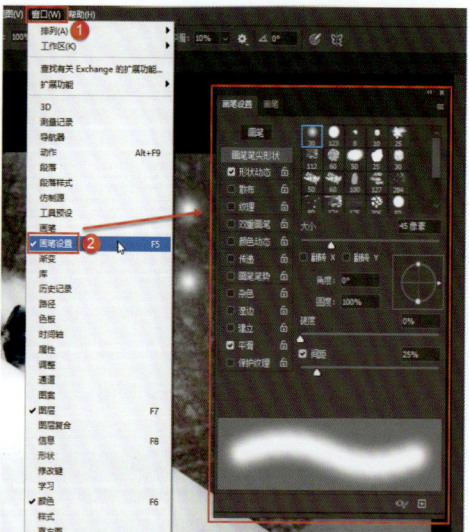

撤销刚才的操作。按 Ctrl+Z 快捷键可以连续地进行撤销操作。

选择"画笔工具"绘制雪花之前，我们要知道画笔应设置为何种颜色，画笔的颜色是由前景色决定的。

在工具栏中单击"前景色"可打开"拾色器（前景色）"对话框，选择左上角的白色，单击"确定"按钮。

那我们应该怎么去设定呢？画笔设置里面有一个非常重要的概念，叫作动态画笔，这个画笔可以有随机的大小变化。

单击"窗口"菜单，选择"画笔设置"命令，也可以按快捷键 F5，打开"画笔设置"对话框。

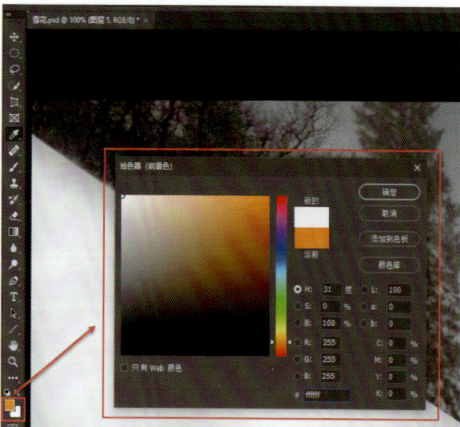

雪花不可能全是圆形的，应该有不同的形状，有的扁，有的圆，所以绘制雪花时要有变化地绘制。但画笔笔触默认就是圆形的，直接绘制出来的效果肯定比较规律和呆板，不够真实、自然。

"画笔设置"中，默认选的是一个30号的圆头，硬度是0%的画笔。在"画笔设置"对话框中，还有一个参数叫角度，说明画笔具有不同的方向，现在由于我们的画笔是正圆形的，无论怎样进行旋转得到的都是一个正圆，但是如果画笔是椭圆形，那旋转就有意义了。

图中框选处有两个圆点可以拖动改变画笔笔触的形态，其跟旁边的角度和圆度的值是对应的，拖动圆点，圆形会变化，直接改变参数也可以改变笔触的形态。

接下来确保勾选了"形状动态"复选框，单击该选项，你会看到一个叫"大小抖动"的参数，提高该参数值，可以看到面板下面的预览图已经有了变化。用画笔在照片中涂抹会发现，除了有一点粗细的变化外，并没有其他特殊的变化，依然看不出来雪花有大有小。

这是因为我们的画笔笔尖默认是连续紧挨着出现的，只要把画笔的笔尖间距加大，就能清楚地看到笔头大小的变化。

再次单击"画笔笔尖形状"选项，"间距"的参数值，默认是"25%"，把间距加大，同时注意看下面的预览图，你会看见已经出现了笔尖大小的动态变化。

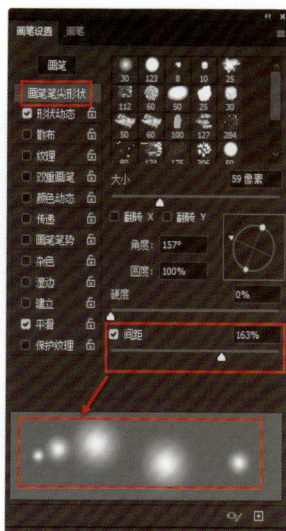

用画笔制作逼真的雪花效果

在了解了雪花的绘制技巧后，接下来在画面当中开始绘制雪花。首先，将照片恢复到原始状态，或者重新打开素材照片，然后隐藏之前已经绘制过的雪花图层。

单击选中背景图层，单击"图层"面板底部的"创建新图层"按钮，创建一个新图层，然后在工具栏中选择"画笔工具"。

接下来就可以在这个新的图层中绘制需要的雪花，所有的参数按图所示调好。然后在照片上单击，制作白点，也就是雪花。

使用该画笔画出来的雪花都是一个正圆，并没有椭圆的和其他不同角度的雪花，还有就是这些雪花都是按照绘制的路径，非常规整地排列出来的，没有随机地散开，这样显得不够自然。这些在"画笔设置"里面都可以搞定，单击刚才的"形状动态"选项，在"形状动态"选项下找到"圆度抖动"参数，"圆度抖动"的意思就是有的笔触圆，有的笔触不那么圆。在此处，提高"圆度抖动"的值。

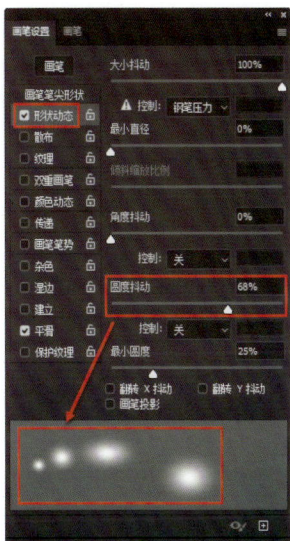

再把"角度抖动"的值提高，就可以得到朝不同方向旋转的雪花。

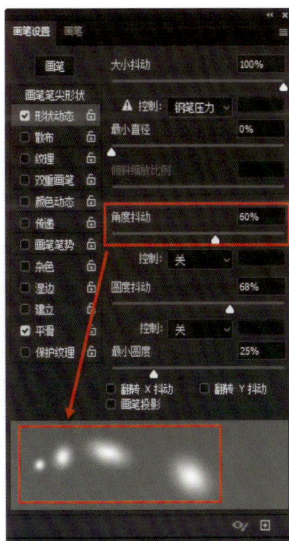

这些都设置好以后，还是没有出现随机散开的雪花。

这时可以在"画笔设置"面板左侧勾选"散布"复选框，单击进入界面后再勾选"两轴"复选框，其意思就是指在 x 轴和 y 轴都随机散开。提高"散布"

值后，可以看到预览图的变化，它开始不再沿着刚才那条曲线路线走，而是往两边散开，朝各种方向的都有。

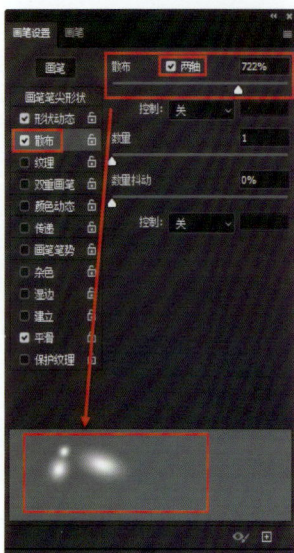

这时进行绘制，雪花就比较随机，显得比较自然了。

"散布"选项中还有个名为"数量"的参数，是指每个位置会出现多少个笔触，数量值设置得越大，那么为画面中添加的雪花也越多。

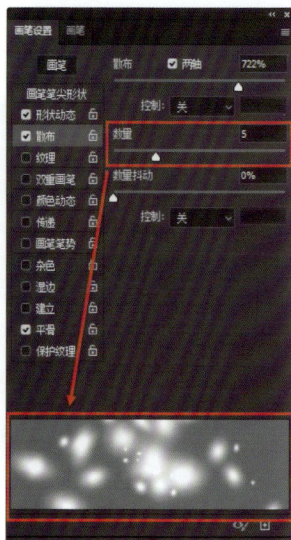

如果感觉雪花少了，我们完全可以再画一笔。但如果"数量"值设定得过大，单击一次就会产生大量雪花，再去擦除就非常麻烦，所以通常来说"数量"值不宜设定得过大。

制作雪花的飘动感

之前绘制的雪花是静态的，没有飘动的感觉，下面要给雪花添加一个方向的模糊，从而使其产生飘动感，这种方向的模糊是通过滤镜得到的。在这里不详细介绍滤镜，它其实就是一种效果，如果需要一个有方向的模糊，就找到一个合适的滤镜，直接实现这个效果即可，操作起来非常简单。我们在"滤镜"菜单中选择"模糊"命令下的"动感模糊"命令。

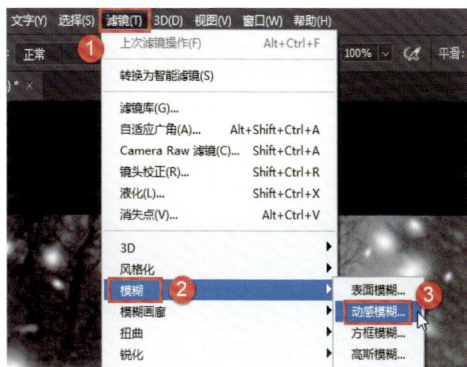

在"动感模糊"对话框中，主要包含两个参数，第一个是"角度"，是指要向哪个方向模糊，默认的模糊角度是0度，本图中可以调整一下角度，使雪花迎着人物的方向模糊；第二个是"距离"，指模糊的程度，调整距离时，你会发现雪花会进行拉伸，你需要确定合适的模糊距离。

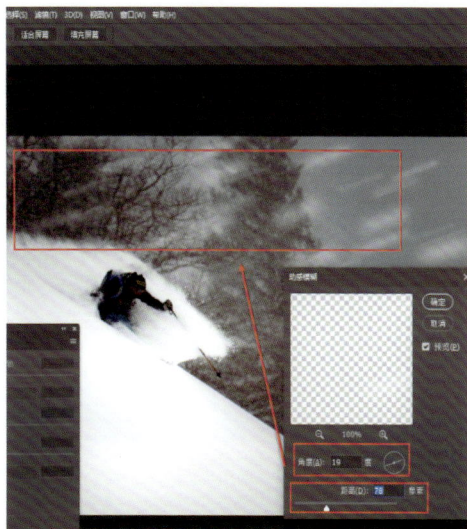

接下来我们要增加图片的层次感，制作一些远景的小雪花。我们再把刚才的操作进行一遍，但笔尖的形状要调小。

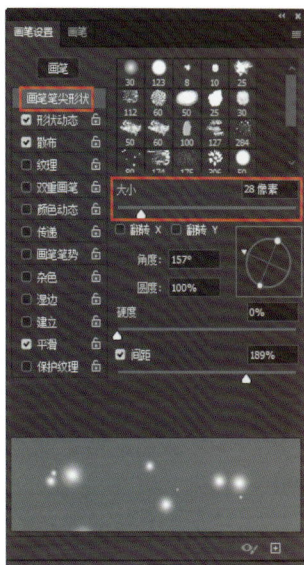

然后小雪花就不要用椭圆形了，在"形状动态"选项中，把"圆度抖动"去掉，同时，"角度抖动"也就没有意义了。

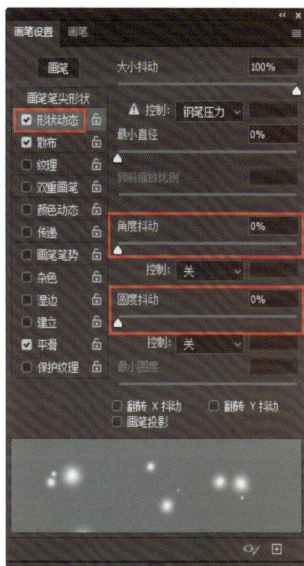

小雪花的数量需要稍微多一点，可以把"散布"选项中的"数量"值调大一点。

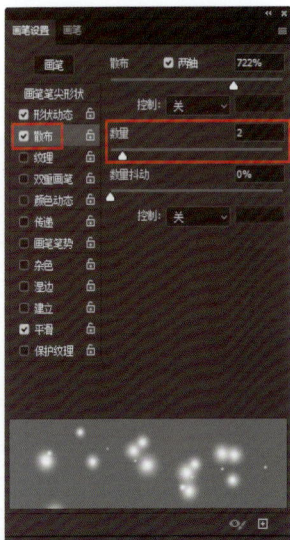

在这个时候给初学者一个小小的建议，一旦你需要往画面当中绘制一些东西的时候，就新建一个图层。这样做有什么好处呢？如果不新建一个图层，直接在画面上画，我们想移动小雪花时，由于没有新建的图层，就会连同背景全部一起移动，非常不方便。

现在要画小的雪花，那我们新建一个图层，然后在这个新建的图层中绘制。

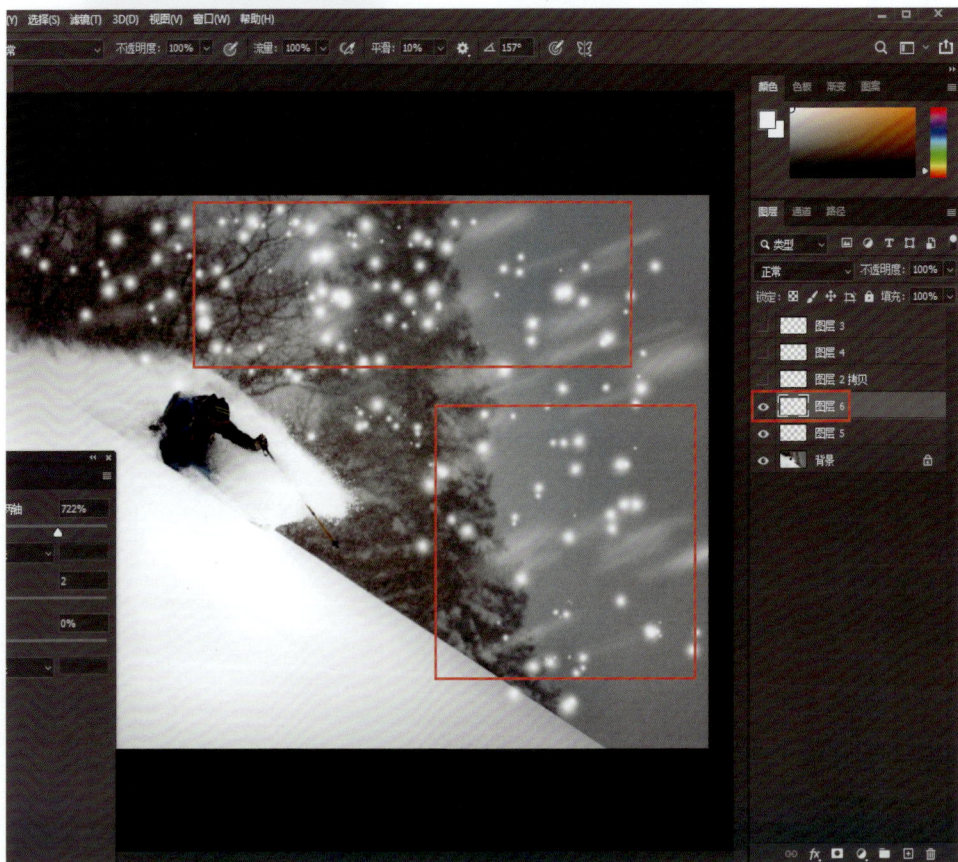

如果雪花散得不够开，与绘制的路径贴得太紧，就找到"散布"选项，把"两轴"的散布调到最大值，然后再进行绘制。

依然用刚才的"动感模糊"滤镜，参数值可以设定得稍大一点，但也不要设定得过大，有方向性就行了。

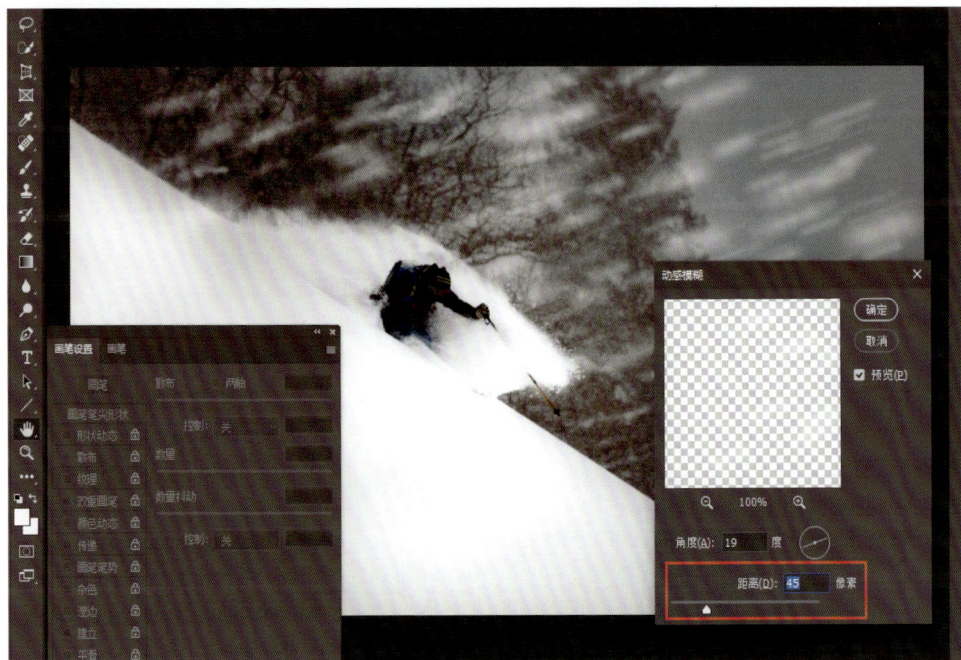

　　现在观察雪花，发现还是稍微有一点"厚实"，说明笔头稍微大了一点。我们可以再新建一个图层，把笔头再尽量调小，本图中将笔头大小调整为"11"，然后所有的参数都保持刚才的设定再次进行绘制。

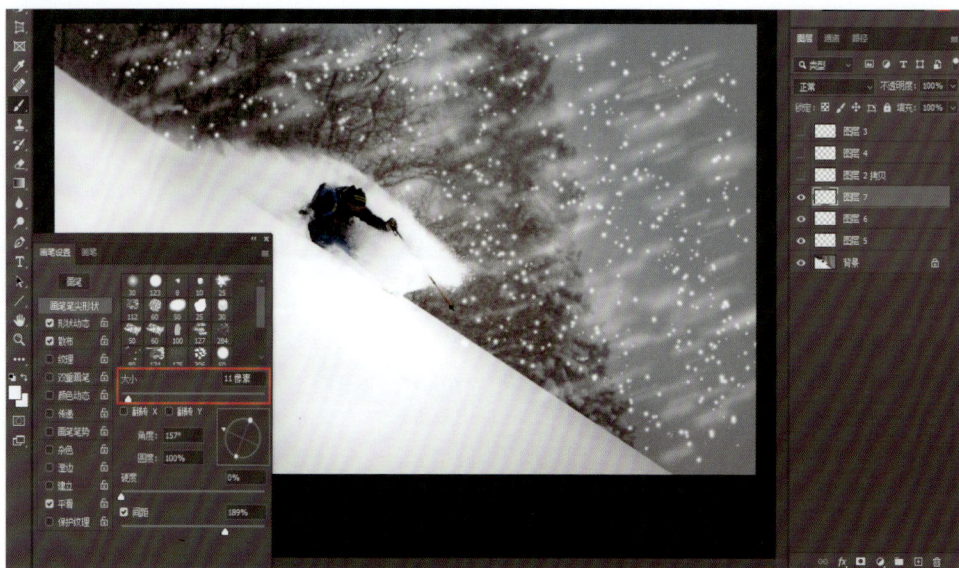

绘制完毕后再调节"动感模糊"滤镜的参数。

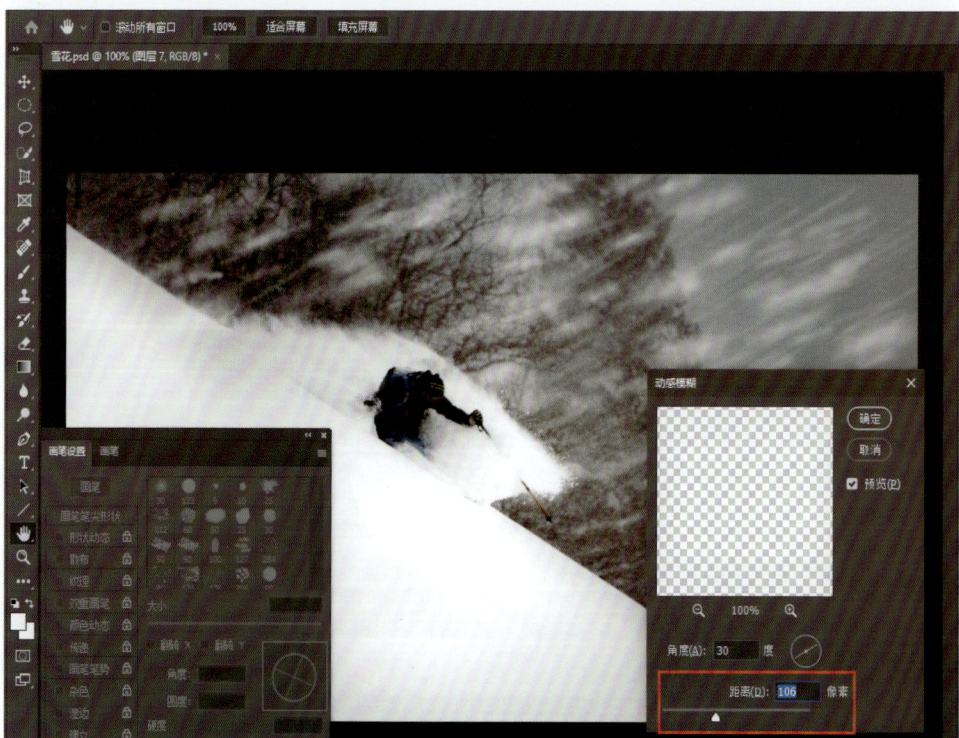

　　此时我们还是会觉得层次感并不是特别的好，虽然雪花有的大、有的小，但虚实关系并不理想。怎么去达到理想的虚实关系呢？这可以通过调整"不透明度"来实现，远景应该虚，那就应该降低"不透明度"；近景比较实，就应该设定较高的"不透明度"。我们可以通过对不同图层的"不透明度"的调整，让雪花产生一种虚实对比的关系。

中景我们也可以调一个不同的"不透明度"。

近景也可以调一点点，让它有一点变化，这时，可以看到错落有致的层次感已经出来了。

4.2 自定义画笔

本节介绍自定义画笔的笔触形态。学完以后，读者在设计工作当中就不再需要依赖系统自带的画笔预设，或者别人的画笔预设，而完全可以按照自己的要求去自定义画笔。

本节知识点

- ◆ 图像素材定义画笔预设。
- ◆ 自定义画笔的颜色。
- ◆ 快速调整画笔笔头大小。

我们来看右图的画面，薰衣草场景中有一位人物，画面很漂亮，在搭配了一些气泡后，画面更加梦幻。

这个气泡是我们单独画的，可以隐藏起来看一下效果。

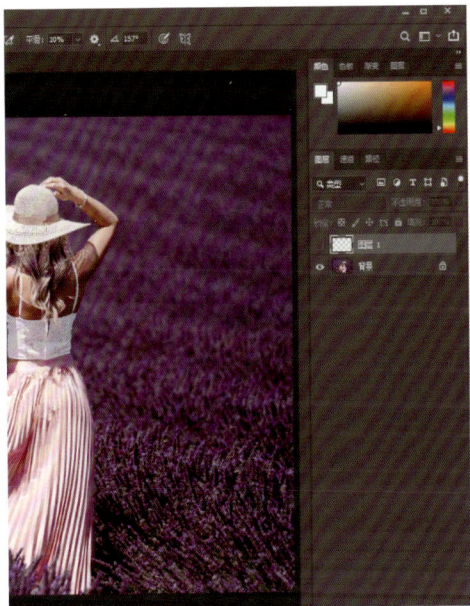

你会觉得不加气泡的画面显得有点单调，不够完美，加上气泡你会发现整个画面的氛围一下就变得唯美了。

气泡就是我们使用自定义画笔生成的。

首先我们搜集一些气泡的素材，在 Photoshop 中打开，单击"编辑"菜单，选择"定义画笔预设"命令，就可以把它定义成系统中的一个画笔。

将画笔名称定义为气泡 .jpg，然后单击"确定"按钮即可完成操作。

然后单击"窗口"菜单，选择"画笔"命令，在打开的"画笔"对话框中选择自定义生成的气泡画笔，在画面上绘制一个气泡，会发现得到的却是一个方块，在气泡周围填充了白色。

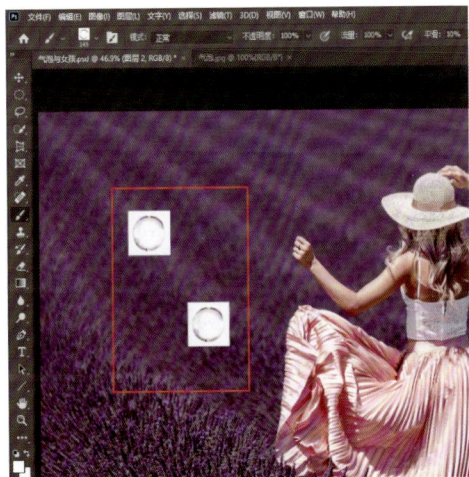

这是因为在我们使用自定义画笔进行绘制时，最终画出来的颜色是由前景色决定的。即自定义画笔的颜色不能决定最终的画笔颜色，因为画笔的颜色是前景色。

我们自定义画笔时，原图形越深、越暗，后续使用时前景颜色的附着度就越强，如果前景色是白色，图形的边就会被画成白色，如果前景色是任意的某种彩色，画出来就是某种彩色。如果原图形颜色比较浅，那么后续在使用自定义画笔时，前景色的附着度就比较低，如果原图形为白色，将其制作为自定义画笔后，涂抹时就会是透明的，即前景色不会附着在图形上。

对于本例中的气泡图形来说，被制作为自定义画笔后，可以看到四周的黑色在实际使用时会被前景色高度附着，变为了白色，因为前景色是白色。

我们找到气泡素材后，要把黑色的边改成白色，这样将其制作为自定义画笔后，再次使用时，四周就不会有前景色附着，就会变成透明的了。

打开这个准备好的气泡素材后，单击"图像"菜单，选择"调整"命令下的"反相"命令。

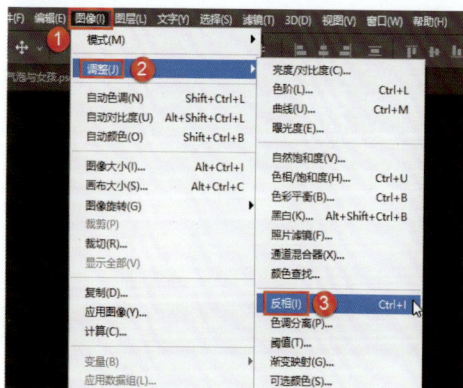

这样就可以将黑色的背景转为白色。

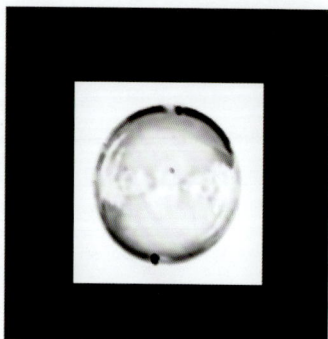

然后再按照之前的介绍，将这个反相后的气泡素材制作为自定义画笔，然后再进行绘制，就不会有问题了。

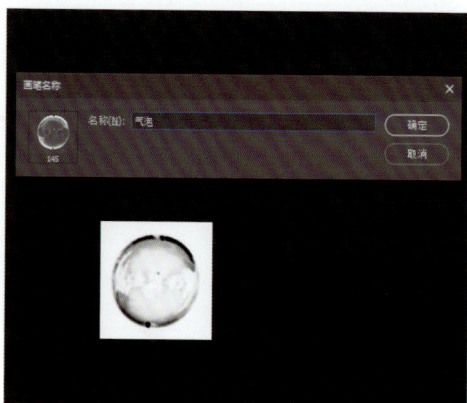

接下来切换到要绘制气泡的人物照片，单击"窗口"菜单，打开"画笔设置"对话框，找到刚才定义的气泡画笔。

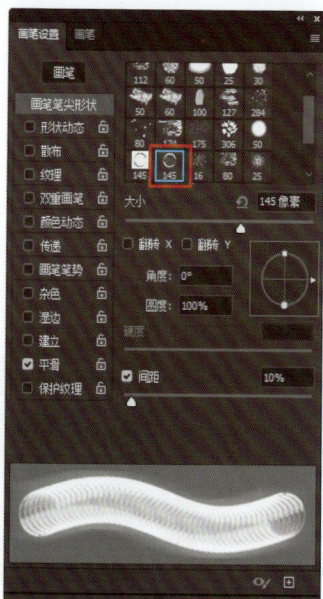

接下来要解决连续性的问题，我们在解决问题前要考虑一下是要画出一连串气泡，还是一个一个单独的气泡。这里我们不需要一连串画出来，因此就不需要修改间距了。

　　如果气泡比较小就把它调大，怎么调大呢？按 Ctrl+T 快捷键进行自由变换是很麻烦的，一会儿调大一会儿调小，每一个气泡的调整还要在不同的图层上操作。在这里介绍一个非常实用的快捷键，我们可以通过这个快捷键改变画笔笔触的大小，这个快捷键就是键盘上面的中括号，按左中括号表示缩小，按右中括号表示放大。我们按右中括号将气泡调大；按左中括号将气泡调小，整个画面的气泡就可以按照我们的需求进行调整，以装点我们的画面。

TIPS

在寻找自定义画笔素材时，如果素材包含在一张照片当中，直接进行自定义画笔操作的话，整个图片都会被定义为画笔，这显然是不合理的。那怎么在一张图片中指定想要的画笔素材呢？实际上，只要为想要的画笔形状制作一个选区，然后再进行自定义画笔操作就可以了。

第 5 章

基础工具

Photoshop 中的工具都有非常重要的功能，这些工具或是独立使用，或是与其他工具结合使用，从而完成设计工作或是图片后期处理。

工具栏中的工具非常多，本章总结和概括了其中最基础、最常用的一些工具以进行介绍，经过对本章内容的学习，相信读者能够快速掌握这些工具的使用方法，并能举一反三，为使用其他工具奠定基础。

5.1 修复工具与"仿制图章工具"

本节介绍修复工具与"仿制图章工具"，我们在掌握了这些工具以后，可以把画面当中一些瑕疵，或者一些你觉得多余的部分修复好。

本节知识点

◆ 修补工具。

◆ 修复工具的综合应用。

◆ "仿制图章工具"。

我们打开下面这张图，它的意境比较深远，在一个空旷的草原上，孤零零地竖着一个风车。这个画面使用了黄金分割构图法。

它会要求你用鼠标指针套中你需要操控的物体，选中这个风车。

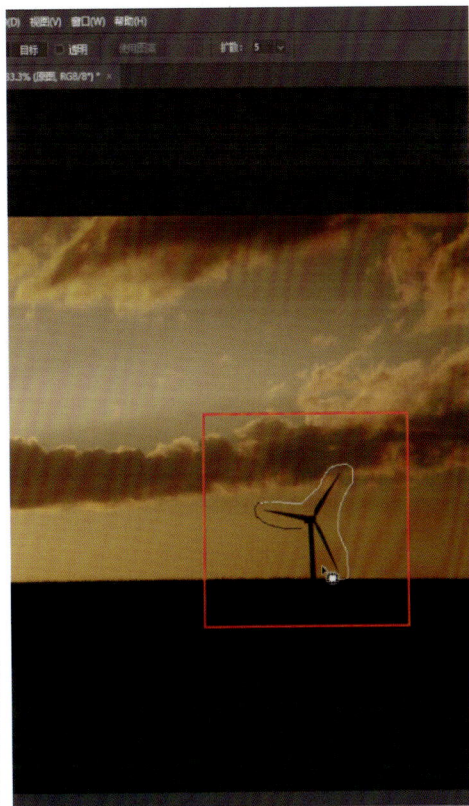

修补工具

如果我们试图把风车放在画面中间会发现，这里只有一个图层，也就是说，风车跟背景是融在一起的，用"移动工具"进行拖动，整个画面都会动。那如果要把风车移到中间去，居中构图，应该怎么办呢？这时就可以使用修补工具。

选择工具栏里面的"修补工具"。

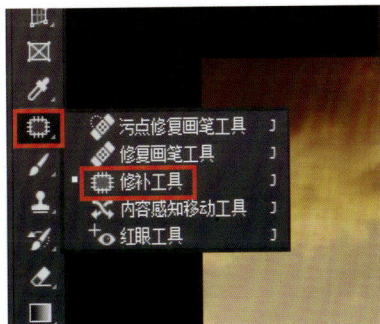

"修补工具"的属性栏中有两个属性，一个叫"源"，一个叫"目标"。我们首先选择"源"，按住鼠标左键将风车拖到某一个地方，松手，你会看到它会把松开鼠标位置的像素填充到最初建立选区的位置，把它修补掉。

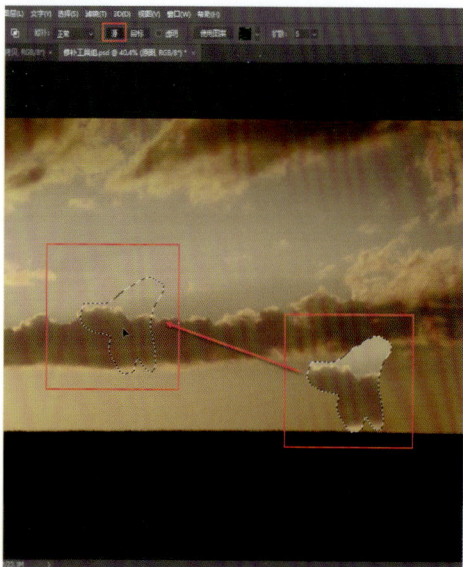

但是风车并没有挪到中间，按 Ctrl +Z 快捷键撤销。接下来选择"目标"这个属性，按住鼠标左键把风车拖到中间，松手，然后取消选区，你会发现刚才在右边的风车通过"目标"属性，被挪动到了中间。

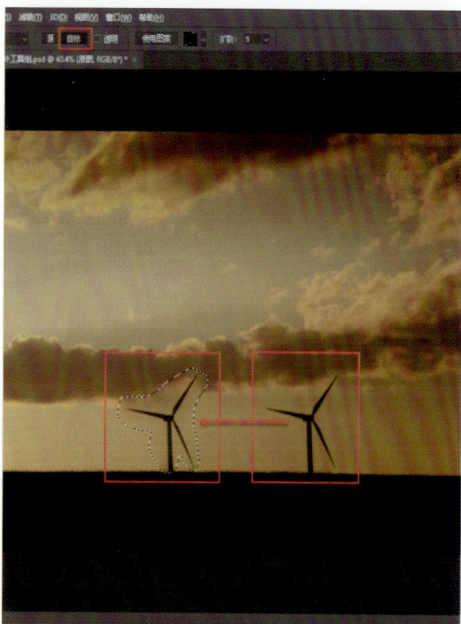

但是原有的那个风车还存在，这个结果也不是我们所希望的。

修复工具的综合应用

用"污点修复画笔工具"可以将右侧的风车修掉。选择该工具，把笔头调到合适的大小，然后按住鼠标左键对着需要去除的物体进行涂抹，松开鼠标。

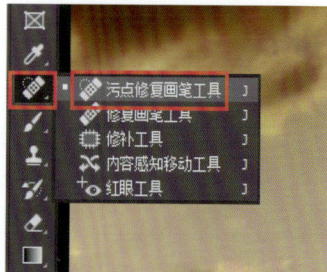

你会发现涂抹后仍然有一点小小的瑕疵，效果不是特别好。

这个时候我们在修复工具中可以找到"修复画笔工具"。

它的原理是取周边的某一个区域，复制该区域并覆盖在你觉得有瑕疵的地方，把瑕疵挡住。

按住 Alt 键，选择你要复制的区域。

选择好区域后，移动鼠标指针到想要修复的区域进行涂抹，可以看到小黑边就被涂掉了。

接下来我们继续看画面，有些比较细碎的云彩，有碍整个全局的效果，需要把这些云彩也去掉，使用"修补工具"可以非常方便地搞定。选择"源"属性，找到有杂云的位置把它框出来，按住鼠标左键将其拖到边上某一块没有杂云的位置，松开鼠标左键，软件会自动进行计算，将周边的像素填充过来，并让被填充区域与周边区域的过渡变得非常自然。

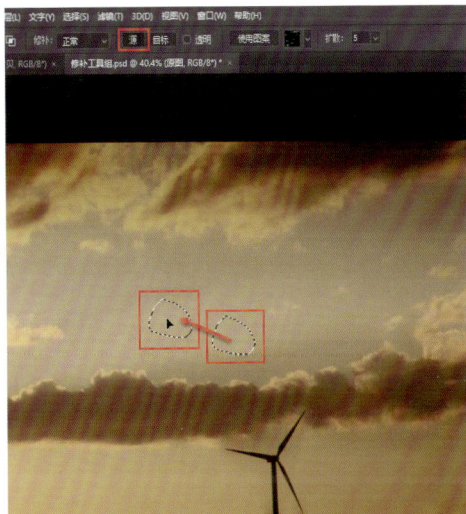

这样，画面中细碎的云彩就被修掉了。

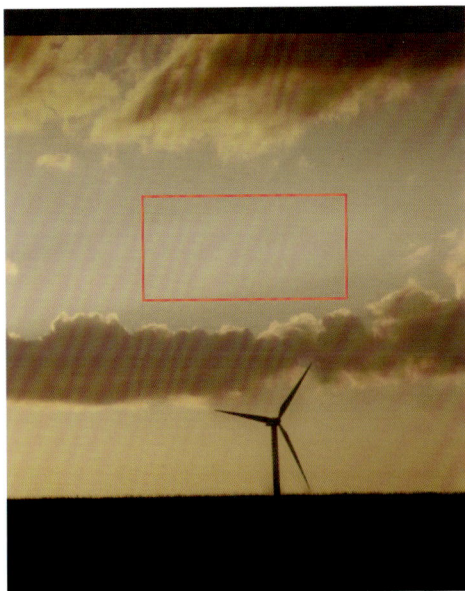

以此类推，我们还可以修复脸上的疤痕。

经过刚才的操作，大家已经接触到了几个修复工具，一个是"污点修复画笔工具"，一个是"修复画笔工具"，还有一个是"修补工具"，它们有什么共同的特征呢？通过刚才的操作大家会发现，它们在修复画面的时候不像我们使用传统的快捷键Ctrl+C、快捷键Ctrl+V进行复制粘贴，使用快捷键进行复制粘贴，原来是什么亮度级别，粘贴过来就是什么亮度级别，画面的融合度非常糟糕。而我们用到的修复工具，能够保留修复区域的亮度信息，使画面达到一个最佳的融合效果。

它们又有什么区别呢？刚才在操作的时候大家应该已经发现了，"污点修复画笔工具"是自动进行操作的，我们只需对要修复的对象进行涂抹，它就能把边上正常纹理的像素自动填充过来；选择修复"画笔工具"后，我们按Alt键直接取出某一个区域的样点信息，把它覆盖在想要覆盖的区域上即可；修补工具通过我们手动选出一个区域，然后移动该区域到另一个地方，以对该区域进行修复。这些工具在我们平时的工作当中都是非常常用的，读者需要通过一些练习，掌握每一个工具不同的适用情况。

"仿制图章工具"

下面介绍"仿制图章工具"的使用方法。打开素材，隐藏上方的图层，可以看到在此时的照片中，树前的一片区域有些不自然，我们希望通过调整让其变得自然。

我们现在先测试一下之前讲过的几个修复工具。

比如说"修补工具"，使用该工具修复后的融合效果并不是特别的好，没有我们想要的层次感，并且切边也有一点点问题。

同样，其他的几个工具也有一些问题。比方说刚才的"污点修复画笔工具"，也达不到我们想要的效果。

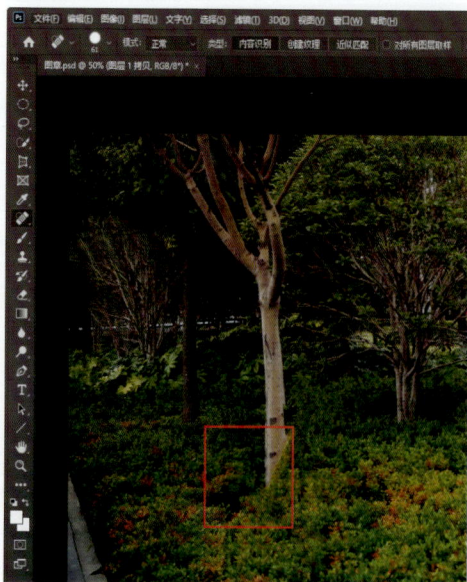

针对这种情况，我们可以考虑使用"仿制图章工具"，在工具栏中可以找到"仿制图章工具"。

它的用法跟修复工具有一个本质的不同，它不是用周边的像素来得到一个融合的效果，而是将你复制的像素直接遮挡在要修复的区域上面。选择"仿制图章工具"，按住 Alt 键，对着需要复制的像素区域单击，单击后松开 Alt 键，把"不透明度"调至 100%。

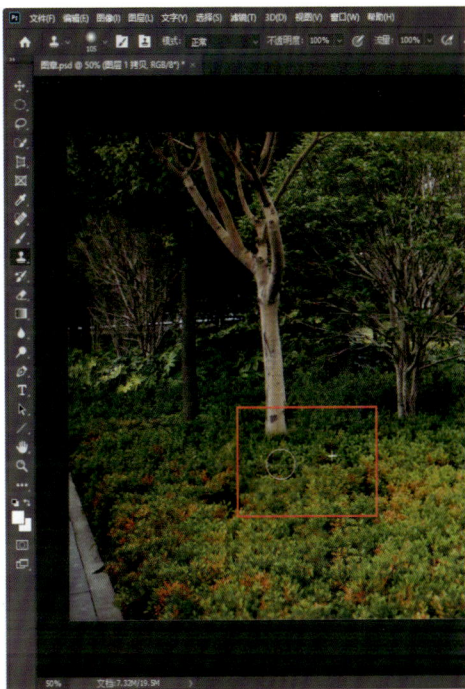

然后在画面目标位置按住鼠标左键并进行拖动，就可以完成问题区域的修复。进行修复时，要确保取样位置能够很好地覆盖目标位置，让得到的效果更自然一些。

修复后可以看到边缘的过渡太柔和，有些不够清晰，这是因为笔触的"硬度"为"0%"，可以把它调到"40%"。

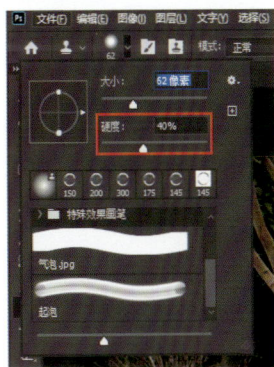

再把笔头适当地调小一点，按住 Alt 键取一个样点，把它复制过来，将边缘切出一个合适的角度。这样的操作我们用"仿制图章工具"能轻松完成。

我们做到这里以后，会发现树干跟树叶之间的衔接，感觉还不是很好，我们稍微把画面放大一点，然后把"仿制图章工具"的笔头再尽量地调小，按住 Alt 键取旁边的样点，让树叶稍微再"生长"出来一点点，让树叶基本上环绕在树干的地方，最终，我们得到了下图的效果。

5.2 渐变工具

本节介绍 Photoshop 中渐变工具的使用方法。

本节知识点

◆ 改变工作区视图。

◆ 渐变的属性。

◆ 标尺的运用。

在下页的案例中，制作了一个具有一定的凹凸质感的，看起来有点像金属材质的按钮，你会很明显地看出，这个按钮基本上是由渐变颜色构成的。

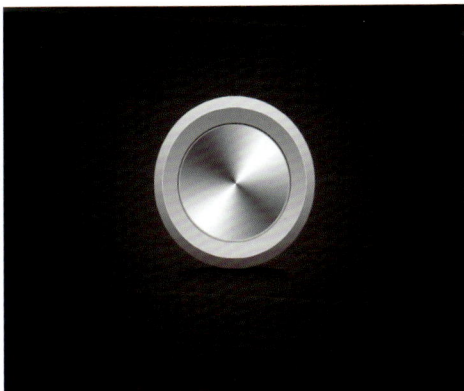

在这里给大家介绍一个小知识点，首先在"选择"菜单中选择"全部"命令，然后在"编辑"菜单中选择"拷贝"命令，就可以复制一个一模一样的文件。

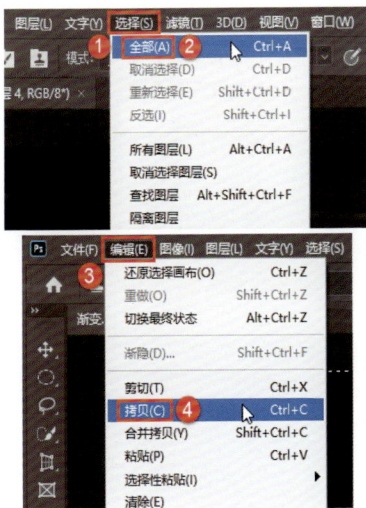

接着在"文件"菜单中选择"新建"命令，会发现可以从系统的粘贴板里面找到刚才复制的文件。

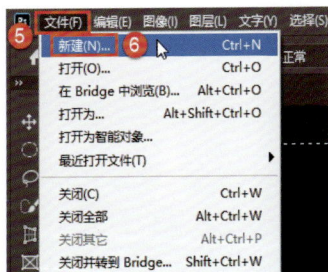

然后单击"创建"按钮创建一个一模一样的文件。

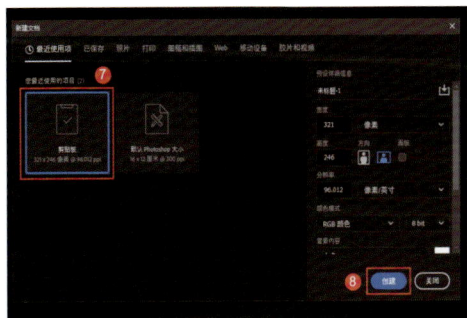

接下来我们希望与原文件做一个参考和对比，单击"窗口"菜单你会发现有一个排列命令，当打开多个文档的时候，可以选择不同的排列方法。本案例中选择双联垂直排列方法，文档就变成了左右排列的一种结构，同时调整一下画面的大小。

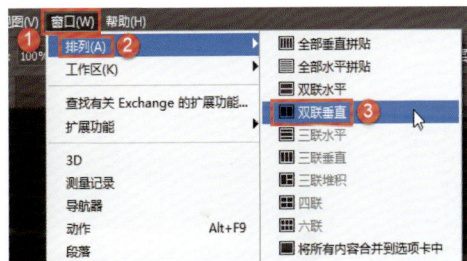

对于新建的文件，首先要解决背景的问题，当前的背景是一个单色的填充，但要得到的效果照片中，背景是一个渐变的深色图像。

我们选择工具栏里面的渐变工具，属性栏中有一些基本的属性，第二个是调节渐变颜色，这里需要一个深灰到接近黑的颜色过渡，单击上方属性栏中的渐变条，会弹开一个叫作"渐变编辑器"的对话框，在这里可通过控制色标的颜色来选取想要的渐变颜色。

　　首先单击左下角的色标，通过单击或双击下面的颜色按钮可以选择想要的颜色。在"拾色器（色标颜色）"对话框中将颜色改成更黑更暗的颜色，单击"确定"按钮。

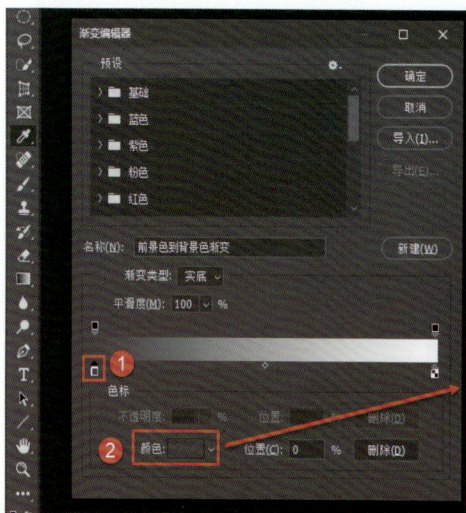

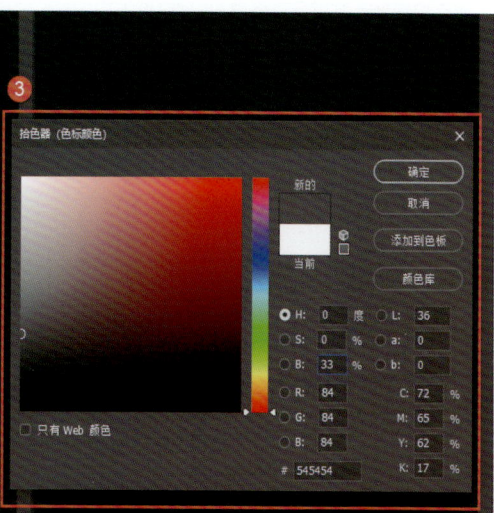

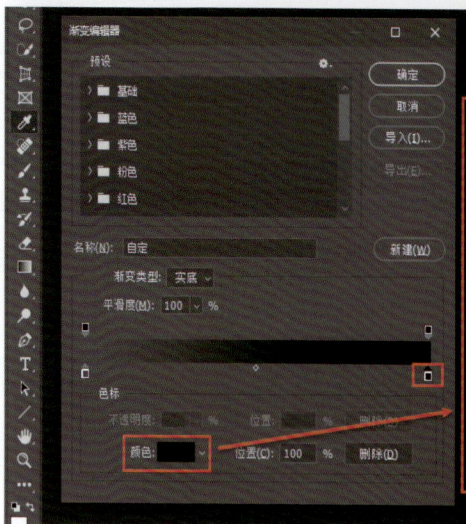

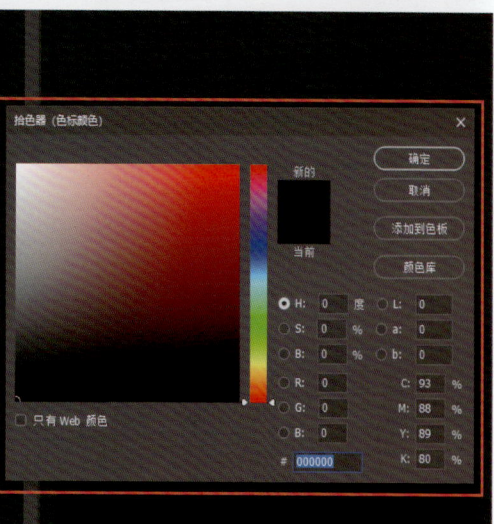

在画面当中怎么生成颜色渐变的效果呢？按住鼠标左键并进行拖动，拉出一条线，就能得到一个颜色渐变的背景。

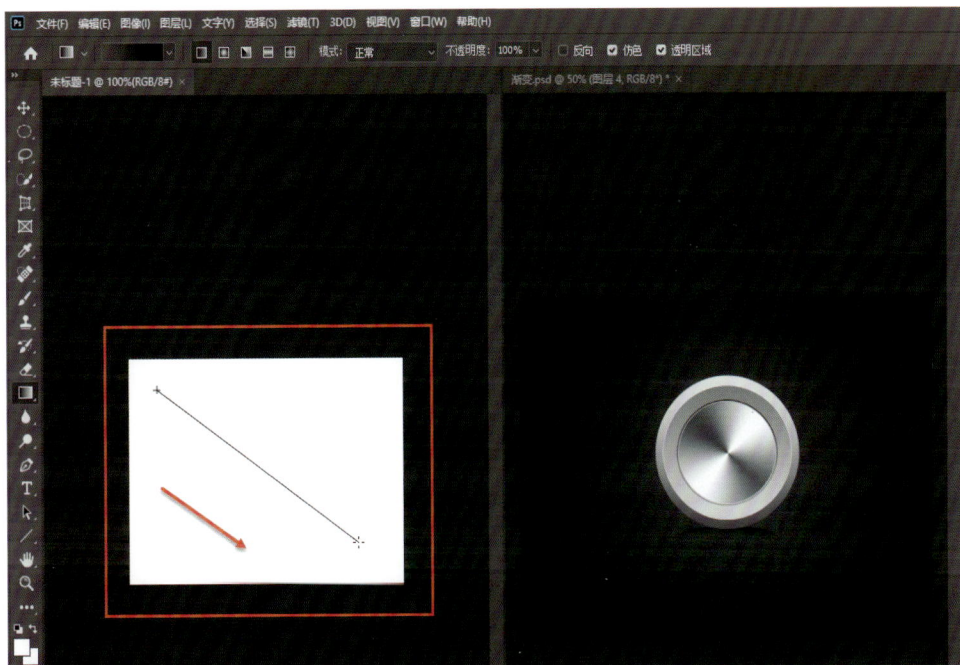

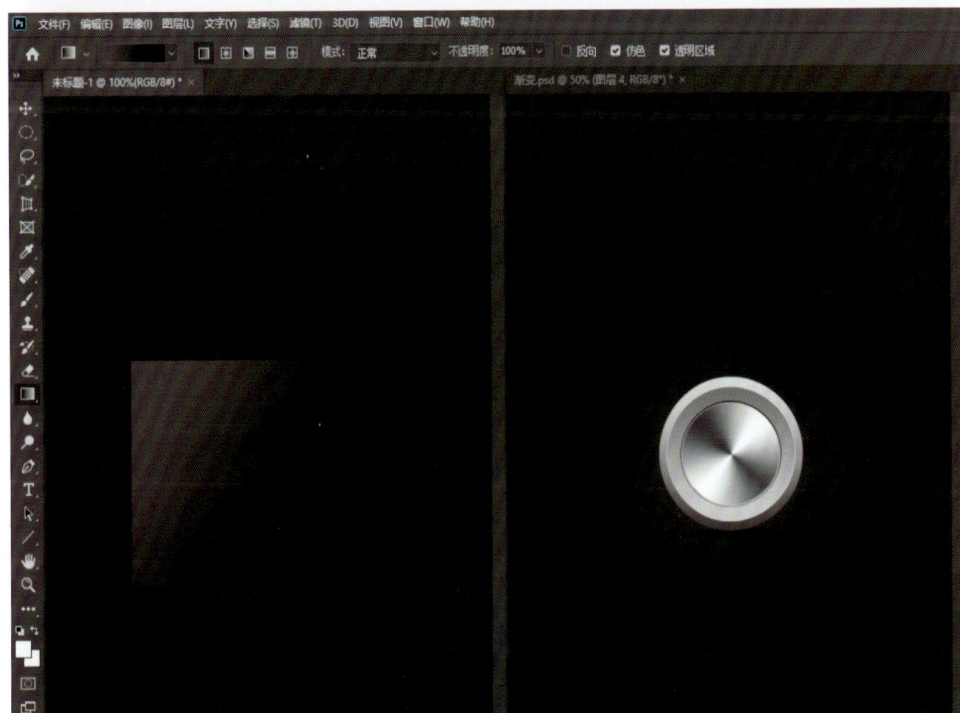

但这与我们最终的渐变效果不符。这是因为渐变是有属性的，属性栏里面默认的是线性渐变，所以此时的渐变效果是一条一条的。

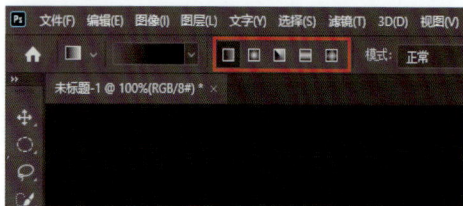

这样，图片就会出现一圈一圈的渐变效果，我们的背景就生成了。

我们选择第二个径向渐变，重新设定图片的渐变效果。

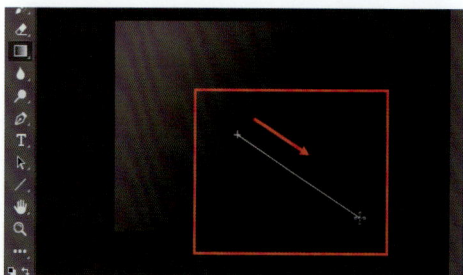

接下来通过"图层"面板新建一个图层，因为我们在前面说过，只要你往画面当中绘制一些自己的东西，最好要新建一个图层。新建完以后，需要限定一个范围，将新图层放在圆圈里面。找到工具栏里面的椭圆选框工具，设定一个圆圈的范围，按住 Shift 键画一个正圆形。

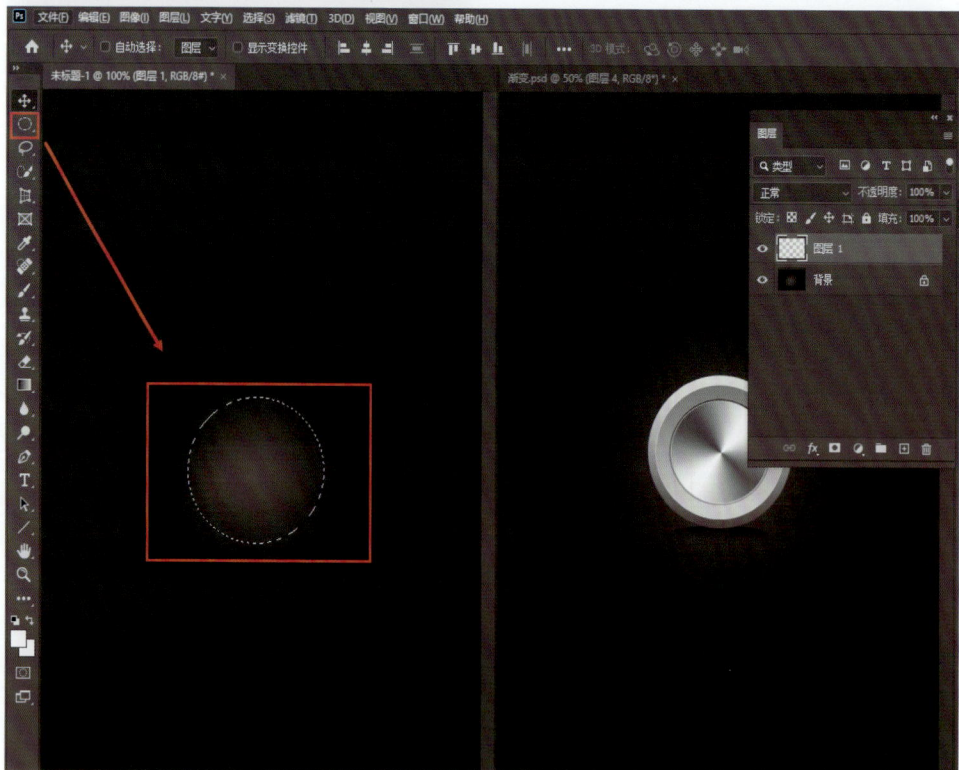

画出合适大小的圆圈，并将其拖动到中心位置。接下来绘制的圆圈要对齐圆心，这里我们介绍一个参考工具，单击"视图"菜单，选择"标尺"命令。

我们会发现窗口上面和左面出现了供参考的标尺。

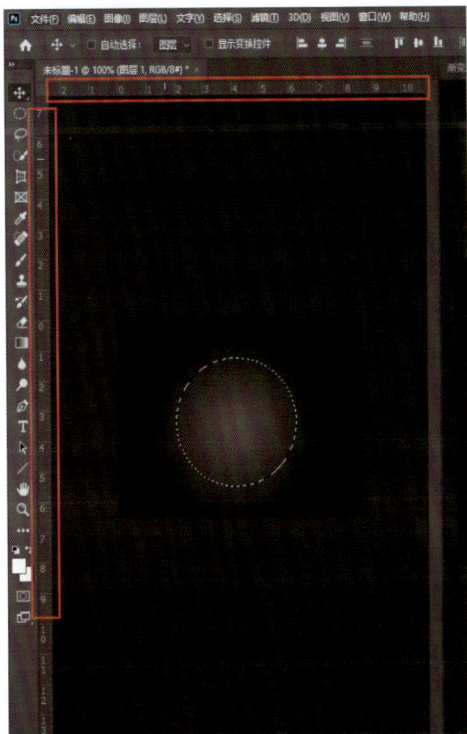

从标尺处向画面中间拖动，会出现一条线，叫作标尺参考线，将标尺参考线移动到圆圈的中间位置，通过横着和竖着的两条标尺参考线得到圆心的位置。

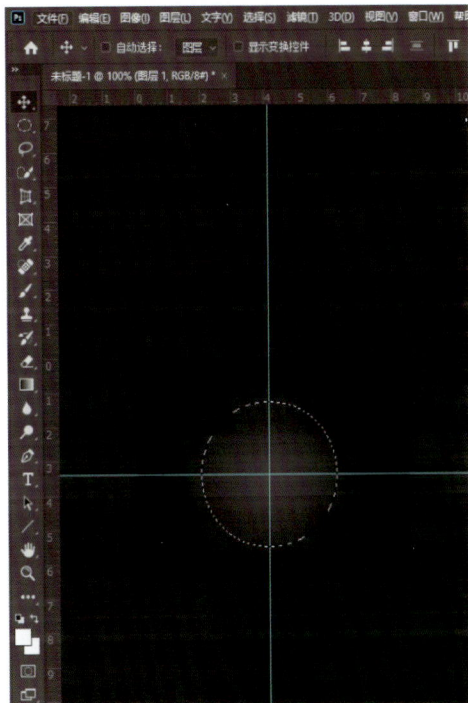

在这个基础上去操作最外围的圈。其实凹凸质感效果形成的原理是，在亮和暗反复堆叠的过程当中，画面便形成了一个强烈的视觉差。受光位置，我们看上去就是凸起来的，没有光照的位置，我们看上去就是凹进去的，从而形成了一个凹凸的质感。我们通过界面亮暗的反复叠加就能实现这个效果，选择渐变工具，把属性改为线性渐变，一边选择一个稍微偏灰亮的颜色，另一边选择灰暗的颜色，单击"确定"按钮。

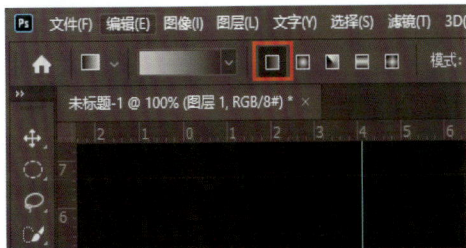

如果不满意，重新选择颜色，再进行拖动覆盖就可以了。

我们怎么得到第二个圆呢？一种方法是取消当前的选区，重新在刚才的标尺参考线处按住 Alt 键和 Shift 键进行拖动。另外一种方法是，将现有的圆缩小一点，在"选择"菜单里面有专门针对选区的命令，叫作"变换选区"命令，选择该命令后，只需按下 Alt 键就能得到一个稍微小一点的圆，然后单击"确定"按钮。

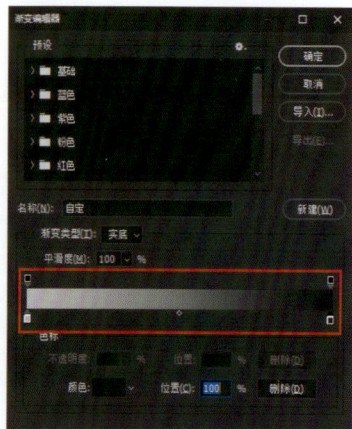

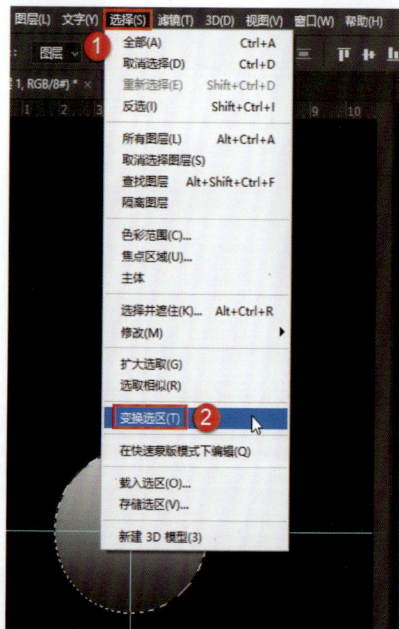

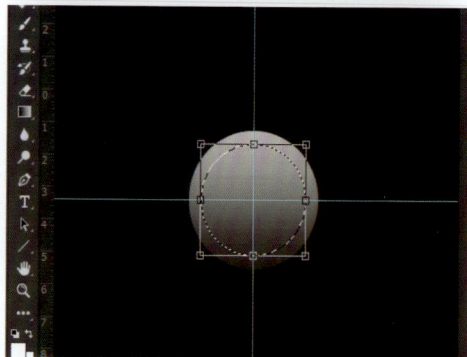

使用的时候尽量先单击椭圆选框的上面，然后按住鼠标左键拖动到下面。

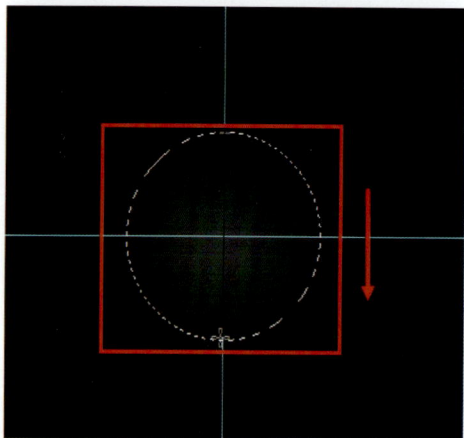

这样，一个从白到灰的界面就完成了。

我们在画面里留了一些白边，直接将其填充成白色就可以了，按 Alt+Delete 快捷键就能得到白色圆形。

为较小的圆形选区新建一个图层，然后以刚才设定好的渐变颜色从下往上拖动，小圆的渐变颜色就与大圆的渐变颜色相反了，也可以适当地调整渐变颜色。

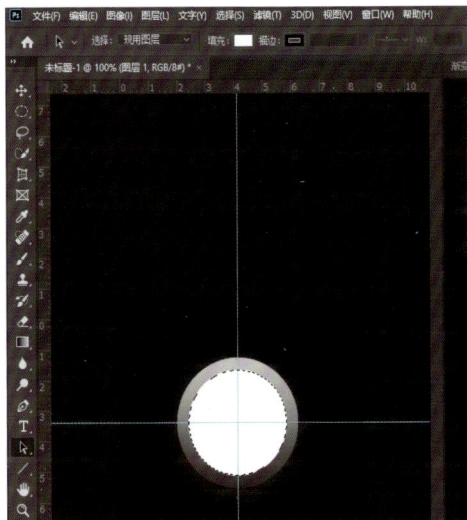

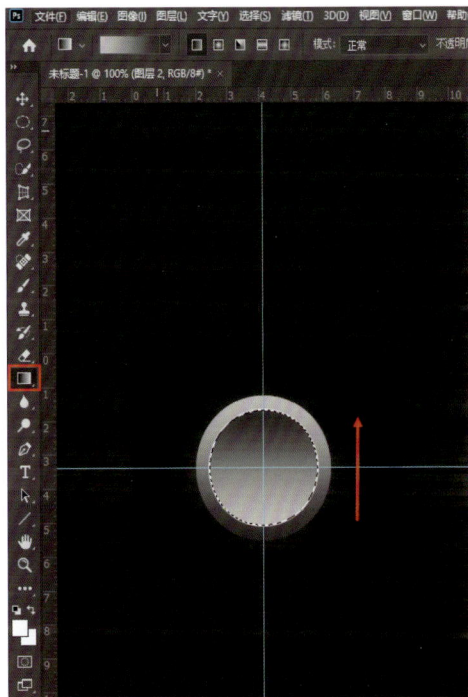

在得到白色圆形以后，按 Ctrl+D 快捷键取消选区。然后再制作一个稍微小一点的圆形选区，大概比白色圆形选区小一个像素。我们把颜色的渐变反过来，灰白叠加。这个小一个像素的选区，如果用变换选区命令制作，会很难控制，我们可以用之前讲过的"修改"命令来操作。单击"选择"菜单，选择"修改"命令下的"收缩"命令，将"收缩量"设定为"1"个像素后单击"确定"按钮。

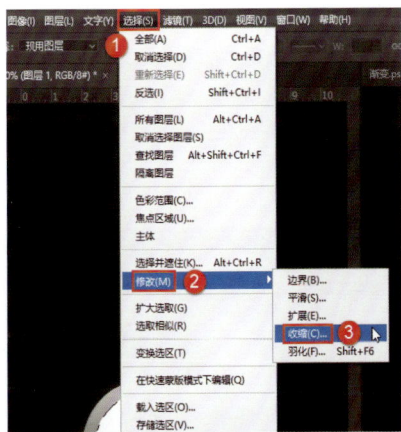

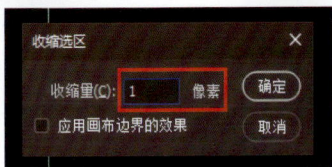

接下来继续操作，用刚才变换选区的方法再得到一个同心圆。执行变换选区命令，按住 Alt 键将其调小，按 Enter 键确认操作。

这个时候要垫一个黑色的底，新建一个图层，选择黑色，按 Alt+Delete 快捷键填充。

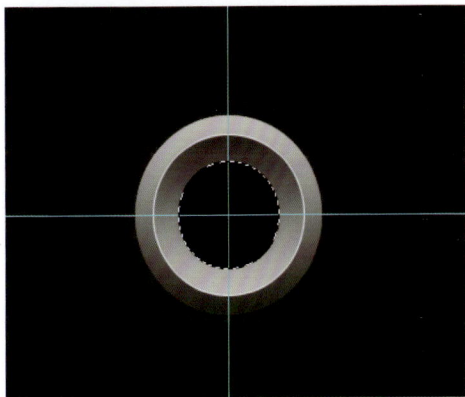

单击"选择"菜单,选择"修改"命令下的"收缩"命令,将"收缩量"设为"2"个像素。

接下来我们又用了一种新的渐变形式。单击渐变样式右边的下拉三角按钮,打开扩展列表,选择金属渐变,选择完以后软件会提醒是否用金属渐变来替换当前所有的渐变,确定操作后,会发现多了几个选项。

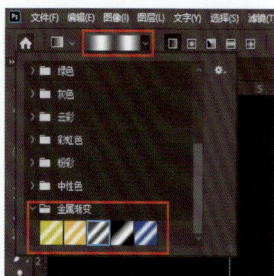

我们选择金属渐变,点开,软件已经帮我们编辑好了,可以直接使用。那我们用哪一种金属渐变类型呢?本案例中,线性渐变和径向渐变得不到我们要的效果,最终的按钮有一个对称的感觉,在属性栏里选择角度渐变,然后从画面中心往外拖曳鼠标指针,就得到了像金属拉丝质感的渐变效果。

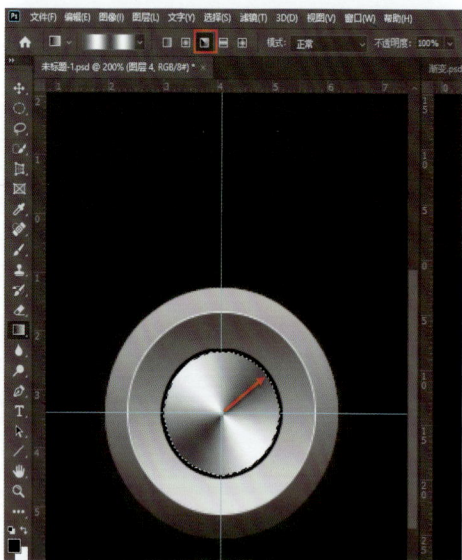

为了方便观察,可以把额外的内容全部隐藏,取消选区,在"视图"菜单里面选择"显示额外内容"

的命令,类似标尺参考线等辅助参考的内容都属于额外内容,执行"显示额外内容"命令后,你会发现标尺参考线等没有了。

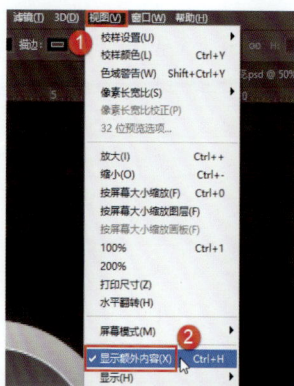

我们做到这里还差最后一点,按钮底下的渐变又怎么做呢?按钮底部看起来像一个投影,它既不是实心的,也不是完全透明的,它是一个从实心过渡到透明的渐变。

首先我们用"椭圆选框工具",划出一个你需要创建界面的范围(准备制作影子)。

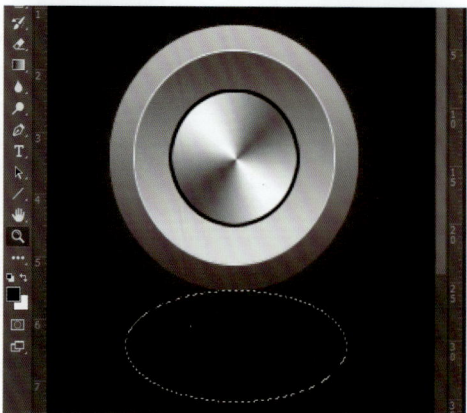

新建一个图层，选择渐变工具，在属性栏中打开"渐变编辑器"，在"渐变编辑器"的预设选项中，单击第三个基础选项。我们需要的是让黑色出现深浅的变化，即一种渐变的过渡，并且由实心过渡到透明。首先把色标改成黑色到黑色，大家会发现还有其他色标选项，这是用来控制透明度的，可以从"100%"的"不透明度"过渡到"不透明度"为"0%"，本案例中，将"不透明度"调整为"0%"，单击"确定"按钮。

接下来可以通过线性渐变来制作效果。

按 Ctrl+D 快捷键取消选区，再适当降低该倒影的"不透明度"，让它产生浅一点的倒影效果。这样，就全部制作完成了。

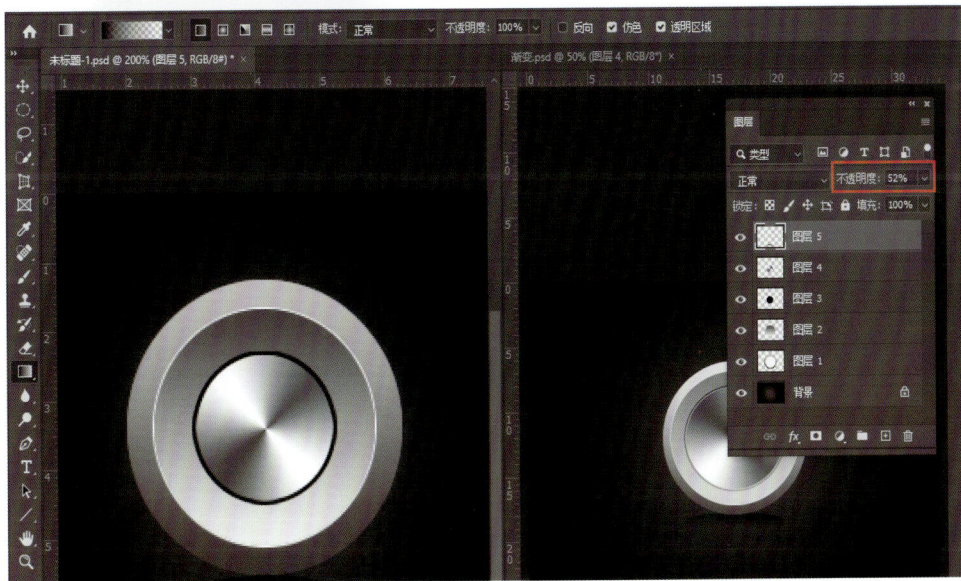

TIPS

在进行渐变操作的时候，方向是很关键的，我们如何保证能操作出一个竖直的效果呢？这里介绍一个辅助快捷键，在按住鼠标并进行拖动的时候，按住 Shift 键，它能保证拖动轨迹朝着 45°、水平或垂直的方向，这样的话就可以拉出一个比较规整的渐变效果。

5.3 "历史记录画笔工具"和"历史艺术记录画笔工具"

本节介绍 Photoshop 中"历史记录画笔工具"和"历史艺术记录画笔工具"的使用方法。

本节知识点

◆ "历史记录画笔工具"。

◆ "历史艺术记录画笔工具"。

下面这个画面的意境是非常棒的，画面中有深邃的蓝色天空，底下搭配的是昏黄的灯光。

"历史记录画笔工具"

但是我们能很明显地看出远端的一辆车，导致画面有些突兀，这个时候怎么办呢？我们会想到用一些命令去做一些处理，比方说用"镜头模糊"命令。

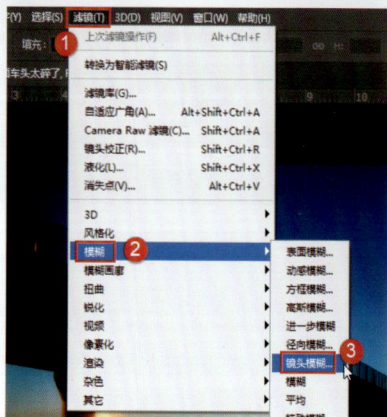

进入"镜头模糊"界面，设定一个合适的值，让整个画面产生模糊的感觉，让视觉的焦点不会落在车辆上，设定好后单击"确定"按钮。

但还是处理得不够，还需要做一个简单的调色，在这里选择"图像"菜单中"调整"命令下的"亮度/对比度"命令。

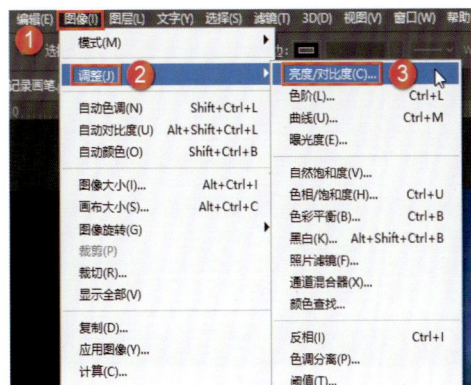

把对比度适当地加强，使画面对比强烈，然后单击"确定"按钮。

但我们并不想把车辆上方也变成模糊的样子，该怎么办呢？

这个时候就可以使用"历史记录画笔工具"了，单击"窗口"菜单，打开"历史记录"对话框，"历史记录画笔工具"跟这个对话框有非常密切的关系。

打开"历史记录"对话框以后把现在这个状态保存下来，单击"历史记录"对话框下面的"创建新快照"按钮。

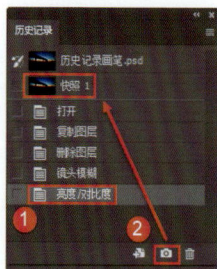

选择工具栏里面的"历史记录画笔工具"，在快照1前面单击制作标记，就是刚才存下来的快照，现在我们看到的画面的状态如下。

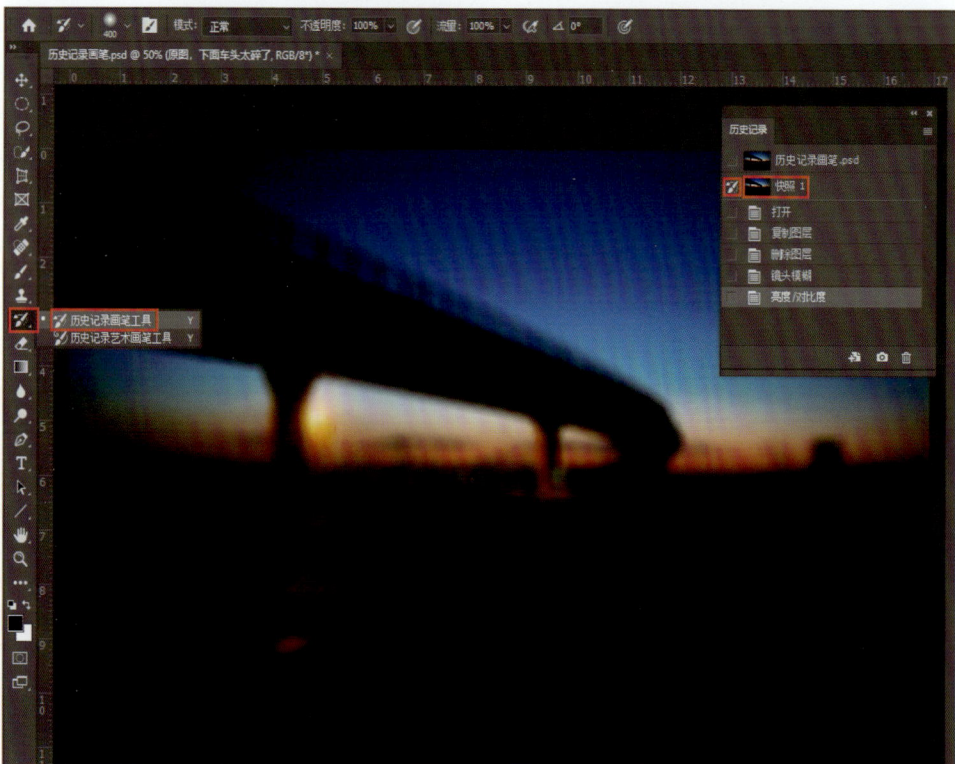

在"历史记录"对话框里面，选择并单击之前的某个步骤，回到比较清晰的画面状态。

现在我们要通过历史记录画笔把车辆恢复为你定义好的快照的状态，也就是模糊后的状态。目的是为了让这个车辆看起来不要那么的突兀。将鼠标指针移动到车的部分，在需要模糊的位置进行涂抹，与此同时，马路也可以稍微涂抹一下。

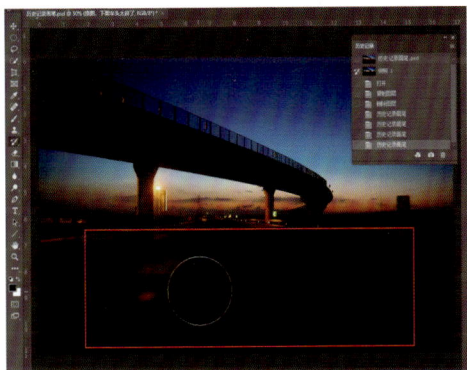

为了方便对比观察，我们可以为现在这个状态再创建一个快照，我们会发现"历史记录"对话框中多了一个"快照2"。

分别单击"历史记录画笔.psd"和"快照2"，就可以看出，调整之后的"快照2"的画面层次会变得更理想。

原始状态

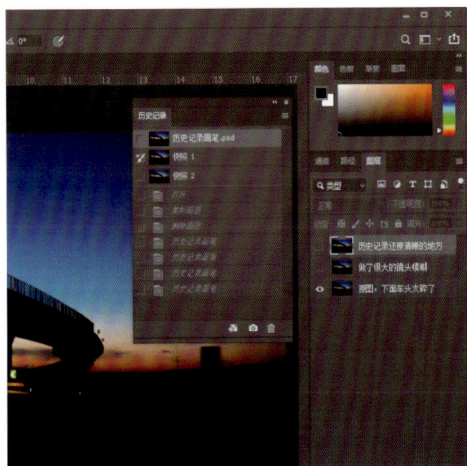

快照2

"历史记录艺术画笔工具"

在我们掌握了"历史记录画笔工具"之后，大家会发现，在"历史记录画笔工具"里面还有一个工具，叫作"历史记录艺术画笔工具"，这个工具没有什么太特殊用法，就是让我们的画面得到一种艺术的装饰效果。

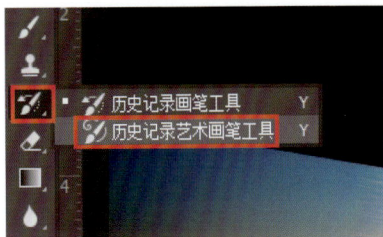

在画面当中找一些地方去涂抹，我们会发现画面变得很有艺术感，感觉像水彩画一样。

用它处理后的照片，不像是真实的照片，它可以使画面产生一个艺术效果的转化，也没有其他的特殊用法。大家在以后的工作中，如果需要对画面进行艺术化的转化修饰，可以考虑使用"历史记录艺术画笔工具"。

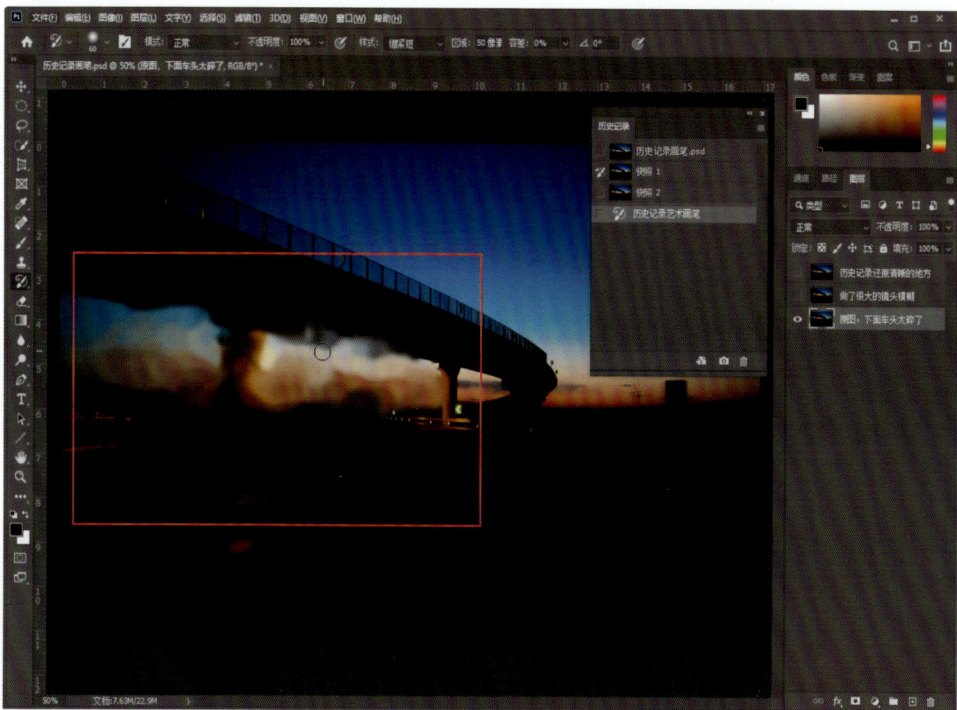

5.4 "减淡工具"与"加深工具"

本节介绍 Photoshop 中的"减淡工具"与"加深工具",这两款工具对于画面层次的调节非常有用。

本节知识点

◆ "减淡工具"与"加深工具"的基本使用。

◆ 高光与阴影区域的设置。

首先看原始图片和处理后的效果图,可以看到原稿没有很好的层次,画面整体有点偏灰,亮的地方不是特别亮,暗的地方也是灰灰的,不是特别暗,所以整体的层次不是特别好。调整后的画面效果则变得比较理想了。

原稿

效果图

打开素材图，隐藏上方的图层，将照片恢复到原始效果。

然后在工具栏里面找到"减淡工具"和"加深工具"，这两种工具分别用于调整亮度和暗度。

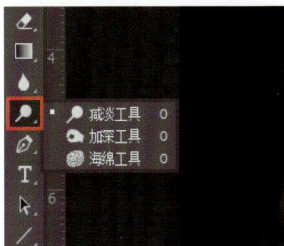

首先选择"加深工具"。对需要加深的区域进行涂抹时，不能随意胡乱地涂抹，而是要选择合适的区域进行调整。如果暗部的层次不够，就要选择对画面的阴影（也就是暗部）进行涂抹加深。

下图框选的位置需要加深，在属性栏中选择范围为阴影，进行涂抹。

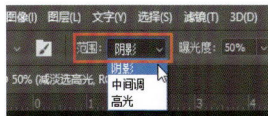

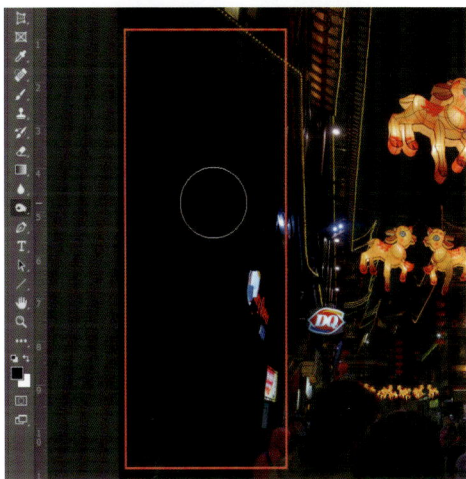

如果加深的程度过重，还要注意另一个重要的属性，叫作"曝光度"。"曝光度"默认为50%，我给大家的建议是将其调在"10%"左右，效果就比较合适了，这里将曝光度设为10%。

对画面需要变暗的区域进行涂抹。

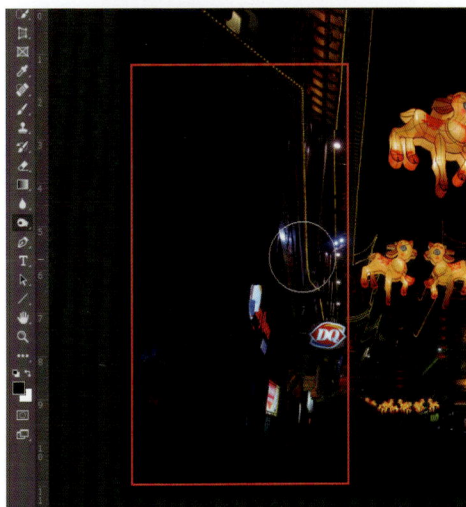

涂抹时不用特别小心，因为我们之前设定的是对偏暗的区域进行加深，所以即使涂抹到了偏亮的区域，它也不会变暗。通过这样的操作，我们就把画面中偏暗的区域的层次加深了一下。

暗部调整到位后，观察照片中的亮部，可以发现有一些亮的地方，颜色并不够鲜亮，可以用"减淡工具"把它变亮。在工具栏中选择"减淡工具"，在"范围"处选择"高光"，"曝光度"依然用"10%"，笔头可以适当地调大。

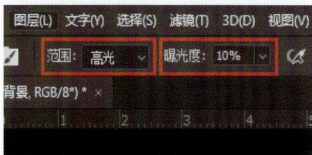

在画面当中涂抹彩灯。

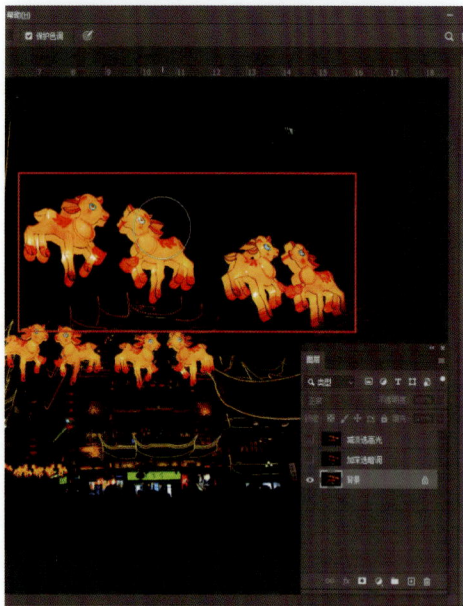

涂完之后可以打开"历史记录"对话框对比一下效果。在"窗口"菜单中选择"历史记录"对话框命令，打开"历史记录"对话框，把现在这个状态存下来，与之前的照片进行对比，会发现处理后的照片有比较明显的层次。

下面再来看另外一个案例。原图当中，发丝受光位置的光感有些弱，这样画面显得不够立体，处理后发丝的光感和立体感均变强，效果变好。

原稿

处理后

为了不破坏原来的素材，我们按 Ctrl+J 快捷键，复制一个新的图层。

然后我们再开始操作，选择"减淡工具"，跟之前讲过的一样，将"范围"设置为"高光"，"曝光度"依然为"10%"。

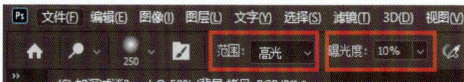

然后进行涂抹，你会发现头发的高光区域变得更加晶莹剔亮了。

接下来找到"加深工具"，同样地将"范围"设置为"阴影"，"曝光度"设置为"10%"。

这时候要小心进行涂抹，为了得到更好的效果，最好顺着头发的纹路进行涂抹，这样做的层次感会更好，而不会将头发涂抹成一团。

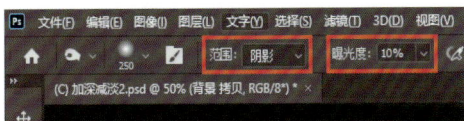

我们操作完以后可以和原始图片进行对比，我们调整以后的图片看上去会更加舒服、更加有层次感。

第 6 章

蒙版

本章介绍 Photoshop 中蒙版的概念与基本使用技巧。我们在学习蒙版的时候会遇到的一些问题，因为我们对它的一些基本概念无法理解。

实际上，我们可以这样认为，蒙版也是一种选区。借助选区，我们可以精确地选定某些景物并进行调整，但这也存在一些缺陷。比如，我们删掉或擦除选区内的某些景物后，就彻底损失了这些景物，也就是说破坏掉了原照片的完整性，但蒙版却可以随时对被擦掉的景物进行全方位的修改。

本章将通过一些具体的应用来介绍蒙版的概念和使用技巧。

6.1 蒙版概念与应用

本节通过一个案例来介绍蒙版的使用方法。

本节知识点

◆ 蒙版的使用方法。

下图是一张非常优美的风景图，两个人比较惬意地躺在车上面，把腿伸到外面，天空中还有一只鸟。

首先我们要找到一个风景素材。

这张图其实是合成的，我们来看下图层结构，可以很明显地看出这是一个图层合成的案例，这个风景也是合成的，可以把这只鸟的图层隐藏。

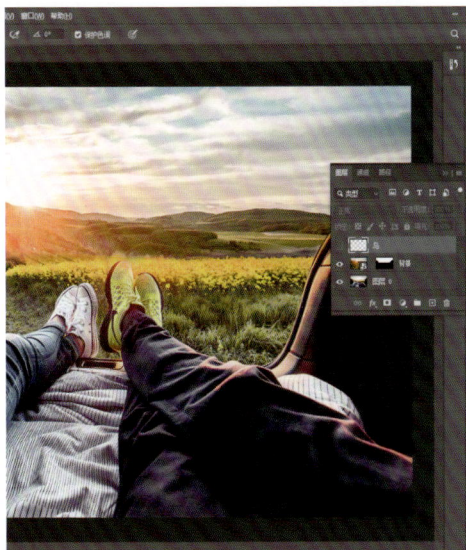

找到以后我们直接使用"移动工具"，将其放置在有人物的图层上，放置完以后找一个合适的位置，用于替换天空。此时你会发现风景素材中的很多区域其实是不需要的，只需要地平线以上的部分。

我们接下来就介绍如何把其他照片合成进来。

在我们不会用图层蒙版的时候，很多读者想到的是用"橡皮擦工具"把不需要的区域擦掉。选择工具栏的"橡皮擦工具"，把笔头调到合适的大小，然后对不需要的区域进行擦除，在擦除的时候大家已经感觉到有些不合适，比方说边缘擦到哪里合适，这在操作过程中很难把控，如果擦出了问题，是没有办法恢复的。

那使用蒙版有什么好处呢？首先我们需要给上方的图层创建一个蒙版。在"图层"面板下方，单击第三个按钮，即"添加图层蒙版"按钮，创建蒙版以后，最明显的特征是在图层图标旁边多了一个白色的图标，这就是图层蒙版，创建以后，蒙版默认是白色的。

创建蒙版后你会发现，画面显示效果没有变化，即此时的这种白色蒙版不会遮挡图层，所以依然能够看见整个画面。

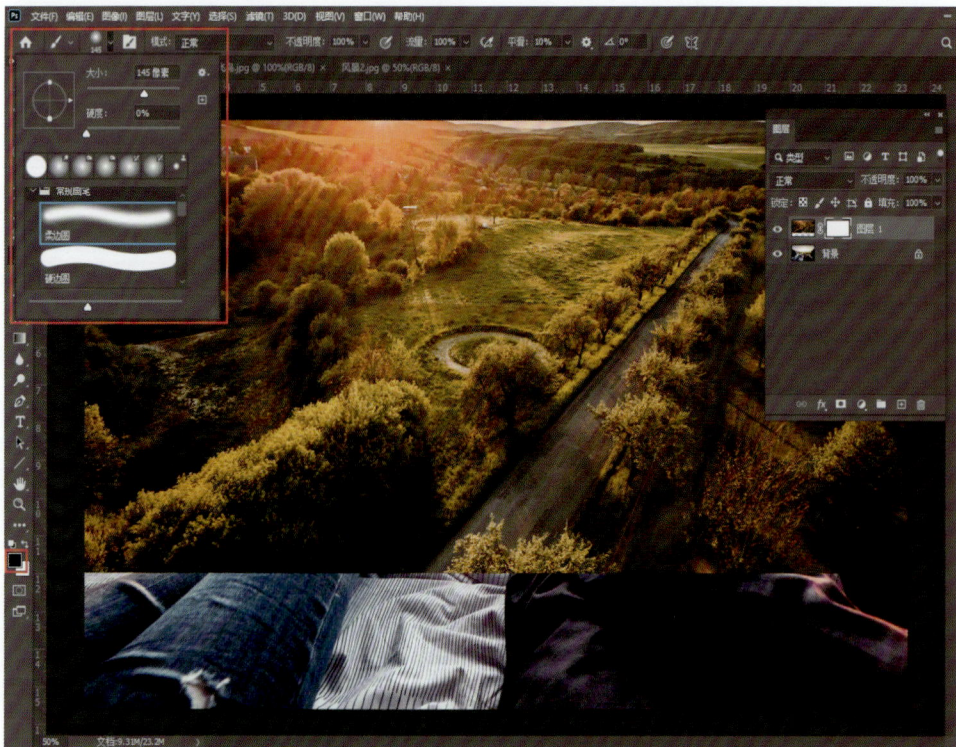

反之，如果我们将蒙版涂黑，那涂黑的部分就会遮挡住图层中对应的内容。不想看见哪个区域就可以用黑色在蒙版中涂抹那个区域。具体操作是将前景色设置为黑色，选择任意的绘图工具，把你需要遮挡的地方涂黑。

我们点开笔触的下拉面板，选择常规画笔下默认的柔边圆画笔，笔触大小可以通过按左右中括号进行调节。

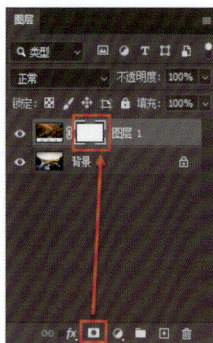

然后擦拭想要遮挡的地方。

蒙版的操作与橡皮擦不同，在蒙版中，白色区域表示没有遮挡，黑色区域表示被遮挡了，所以我们就能看见人躺在车里的这张画面，而且我们多擦的地方可以通过用白色擦拭进行还原。

在前景色和背景色右上角，单击双箭头可以更换两者的颜色。当然，也可以按 X 键来交换前景色和背景色。

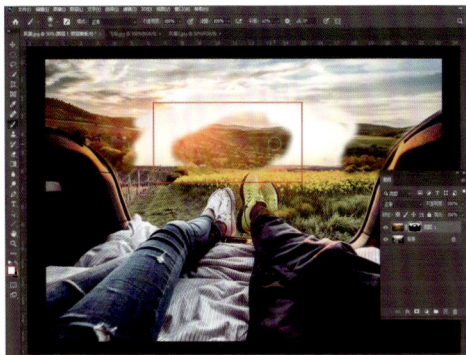

通过反复的操作，其中包括控制笔头的大小，我们可以把需要遮挡的位置的边缘调整到一个非常精细的状态。通过这样的操作我们就把车窗外的风景替换合成好了。

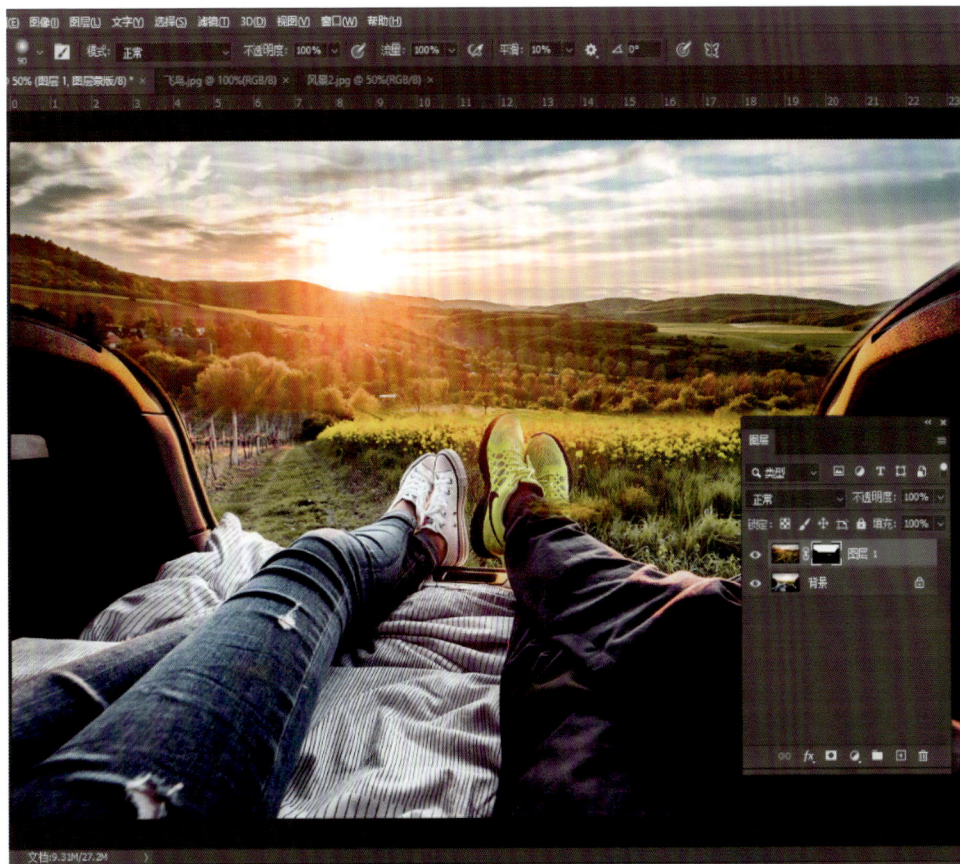

6.2 以选区建立蒙版

在之前的案例中，我们可以发现一个明显的问题，即在进行合成操作时，无论是擦拭还是还原，操作起来都比较慢。因为我们是使用画笔一点点画，边缘没画好的地方还要反复地按 X 键交换前景色和背景色，再进行涂抹修改，这样操作有点慢，不大方便。

本节知识点

◆ 以选区建立蒙版。

◆ 选区边缘调整。

有没有什么更好的方法，能够更加快速地去完成图层蒙版的操作呢？很明显是有的。

首先我们把原先的蒙版删除。

再把"图层 1"，也就是风景图层隐藏，回到背景图层。

可以先用已知的一些选区工具，把我们要遮挡的部分先选出来。比方说，用"快速选择工具"在画面当中把我们要替换的天空区域选出来，"快速选择工具"可以很好地完成这个区域的选择。

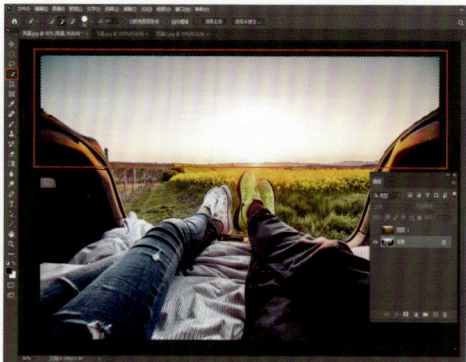

用选区的布尔运算调整选区边缘，让选区变得更准确一些。之后让"图层1"中的对应区域显示出来。

选中"图层1"，单击"添加图层蒙版"按钮。

这样创建的蒙版，选区内的部分为白色，选区外的区域则为黑色。之前我们已经介绍过，白色不会遮挡图层，黑色会遮挡图层，那选区之外的部分就会被遮挡起来。从图中你会发现天空已经被置换过了，也就是选区里面的被保留了下来，选区以外的被蒙版遮挡了。

不过这样操作也是有瑕疵的，放大照片，按住空格键，鼠标光标会变为抓手，按住鼠标左键进行拖动观察，会发现边缘非常生硬，过渡得不是特别好。

这样的细节我们怎么去处理呢？找到图层蒙版图标，右击，在弹出的菜单中选择"选择并遮住…"。

打开"属性"对话框，在对话框中可以看到蒙版过渡的边缘比较生硬，怎么把它变成柔和的过渡呢？

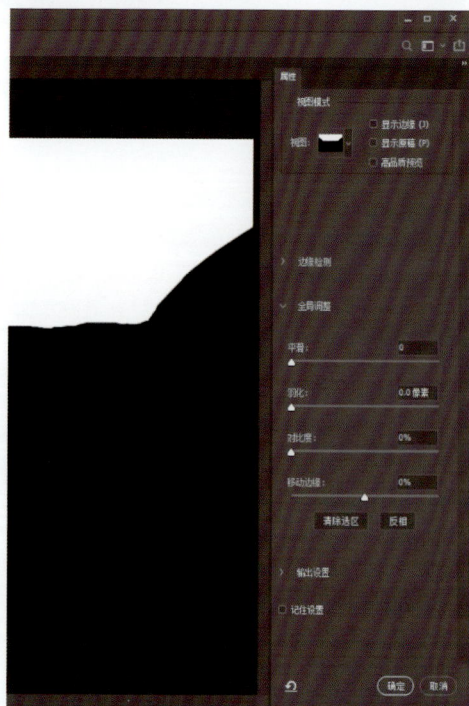

我们调整右边的参数，提高"羽化"值，图像就产生了一个非常柔和的边缘。除了调整羽化参数外，还可以调整"平滑"参数，它能使边缘更加的柔和。

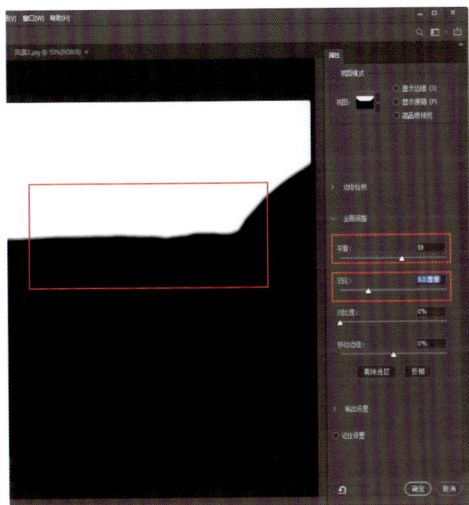

要注意，几乎所有的参数调整，都没有固定的值，因为画面各不相同，使用的参数值也是不一样的。本例中，设定好之后单击"确定"按钮返回，可以看出边缘变得比较柔和，但边缘似乎露出了一些白边。

在"属性"对话框里面还有一个参数可以帮助到我们修复这种白边。再次右击蒙版，选择"选择并遮住…"，进入"属性"对话框后，找到"移动边缘"这个参数，稍微提高"移动边缘"的参数值，这样可以向外扩大边缘，我们会发现这个画面似乎在往黑色的部分扩展。

单击"确定"按钮返回，大家可以看到刚才明显的白边现在已经基本上被消除了，整个边缘的过渡就修饰好了。

如果对某些局部还不大满意，还想将过渡的效

果再渗透一点，让树也看起来比较清晰，可以使用"画笔工具"，进行反复修饰。画笔颜色选择白色，透明度增加一点点，笔头适当地加大一点，稍微让树映射一点颜色出来。

这个时候我们发现一个问题，树有一点点奇怪，有一些地方衔接得不好，这时，你会想，这个图层蒙版产生的遮挡能够被移动吗？选择"移动工具"，按住鼠标左键并拖动鼠标会发现，画面和蒙版被一起移动了。

但我需要之前的选区依然要被遮挡，而上方的"图层1"需要放在一个合适的位置，这个时候又有

什么小技巧呢？

可以看到画面和蒙版中间有个链条，单击链条，然后单击选中"图层1"的图标。

此时再次在上方天空画面上拖曳鼠标指针，就可以选择一个合适的范围放置蒙版。

把蒙版和画面的连接取消，然后单独编辑画面就解决了这个问题。

现在如果我们要分别处理天空或是地面的景物素材，但因为蒙版的遮挡，我们无法观察完整的素材照片，就可以先把蒙板去掉，右击蒙版，在弹出的菜单中选择"停用图层蒙版"即可。

这时可发现蒙版图标上出现了叉号，这就相当于临时遮挡蒙版，现在你可以看到整个画面，这样就便于观察了。完成以后我们重新右击，在快捷菜单中选择"启用图层蒙版"即可。

6.3 快速蒙版

本节介绍快速蒙版的相关知识。快速蒙版是用蒙版的理念，来帮助我们创建选区，并且能够把选区修饰得非常精细的一种技巧。

本节知识点

◆ 使用"快速选择工具"抠图。

使用前面两节处理过的图片，画面合成做到这里就已经比较不错了，但是天空稍稍有些问题，左侧天空有太阳填充，右侧天空稍微有些大、有些空，在这里我们可以补充一点其他元素来丰富画面。

找到一个飞鸟的素材，对它进行抠图，我们首先用一些基本的选区工具给它创建一个大致的范围。选择"快速选择工具"，在属性栏中调整笔头的大小，选择添加到选区的运算方式，按住鼠标左键并进行拖动，你会发现鸟的尾巴和羽毛都缺少一些细节，嘴巴也很难把它抠出来，很多细节处理得并不是特别好。

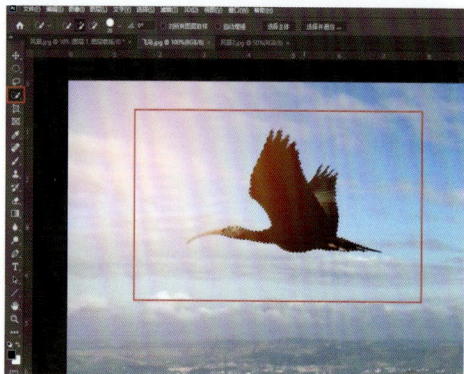

这个时候就可以使用快速蒙版对当前选区的一些细节进行修饰。不过，并不是说以后碰到选区处理得不好的地方，都用快速蒙版来修饰，而是碰到某些非常细腻的地方的时候，建议大家使用快速蒙版。在工具栏中单击"以快速蒙版模式编辑"按钮，或按 Q 键。

这样，照片就进入快速蒙版状态。

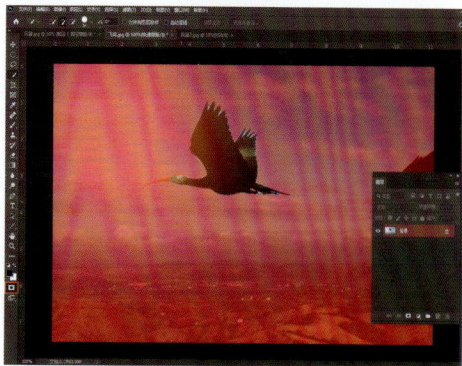

怎么使用快速蒙版呢？快速蒙版用粉红色表示没有被选中的区域，这个粉红色不是原图像的彩色，这里表示的是没有被选中的区域，只是表示一种状态。

我们用什么方法去进行编辑呢？放大照片，这样我们操作起来就比较方便。可以用画笔的黑色和白色来进行编辑，这就是用图层蒙版编辑的一种理念。选择"画笔工具"，默认是白色的前景色，白色意味着把选区添加进去，黑色意味着把选区抠出来。把笔头调到一个合适的大小，并把"不透明度"调到"100%"，然后在画面中鸟嘴的位置进行涂抹。

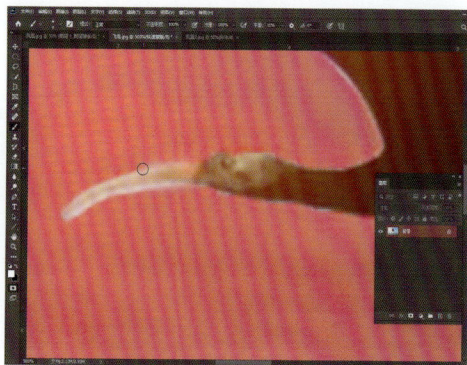

如果修饰出了错误，就按 X 键，切换颜色，进行细微的调整。鸟的尾巴要用小画笔一笔一笔地勾画，我们用这种方法操作下来，可以把画面中这只鸟的选区做得非常精细。

如果手抖，就尽量不要一笔从头到尾地修，要一笔一笔短短地来，一旦出错了，就直接撤销这短短的一笔就行了，而不用把整个一笔操作下来的全部都撤销。

快速选择做到这里就已经做好了，我们怎么退出快速蒙版呢？还是单击工具栏下面的"以快速蒙版模式编辑"按钮，当然也可以按 Q 键，就可以退出快速蒙版，回到选区的状态。

我们选好这个鸟以后，使用"移动工具"把它拖到我们合成好的场景中，将其放置在一个合适的位置，按 Ctrl+T 快捷键给它调整一个合适的大小，按 Enter 键确定操作。

这样，我们的画面就会显得更加丰富。

如果我们发现鸟的边缘还有一点原图的颜色，在这里我们就不必再次使用快速蒙版进行调整。

可以使用修边功能进行调整。在"图层"菜单底部，找到"修边"命令，再选择"去边"命令。

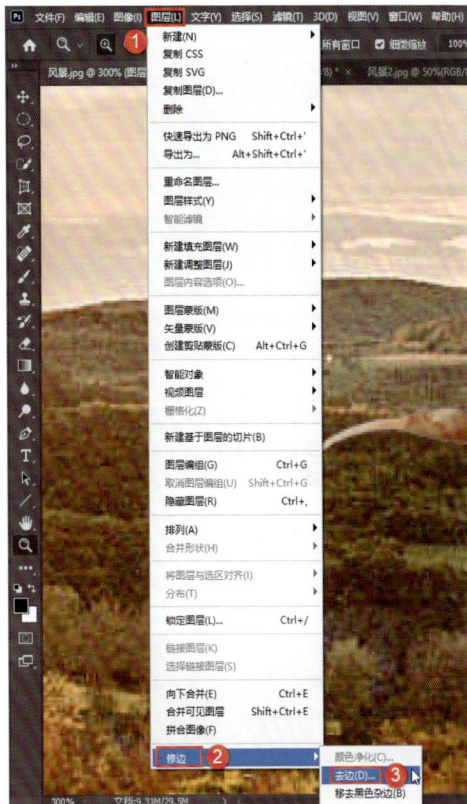

在打开的"去边"对话框中，设定"宽度"为"1"个像素，然后单击"确定"按钮。

这样，可以把比较明显的杂色边缘修好，也就不会有明显的蓝天边缘。

第 7 章

编辑文字

对于图片进行设计或是处理，经常需要使用文字来进行补充或修饰。本章将介绍 Photoshop 中文字的编辑和使用技巧。

打开素材照片，我们可在照片左侧比较空旷的部分添加一些文字。

单击"窗口"菜单，选择"字符"命令，打开"字符"对话框，将其拖动放到界面右边，方便操作。

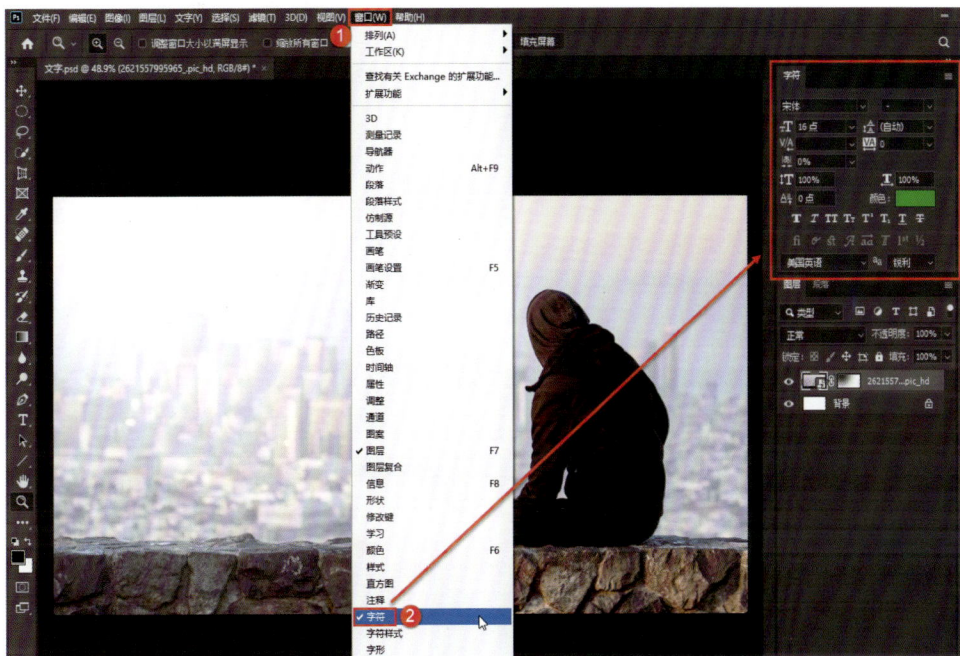

然后单击工具栏中的文字工具。

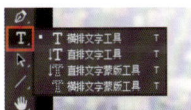

可以选择"横排文字工具""直排文字工具"等，一般使用第一个，也就是"横排文字工具"。

选择"横排文字工具"，在画面当中单击，就可以进行文字输入，也可以在此粘贴之前从其他渠道复制的文字。

已经输入完的文字，只需要再进行单击就可以再次编辑。

如果我们觉得文字小，可以把它们全部选中，在右边的"字符"对话框中修改文字的格式。首先把字号调大，在字体下拉菜单中还可以选择你喜欢的字体。在字体选项的右边是文字粗细的选项，此处选择"Bold"。

文字设置好以后，要单击属性栏的"对号"按钮，表示确定操作。

然后通过"移动工具"把文字移到一个合适的地方。

下面再准备输入第二排文字，比如说副标题。我们在选择文字工具时注意不要点到原来的文字，将鼠标指针放在第一排文字之外的某个区域，然后单击就可以输入新的文字。

这个时候的文字属性与上一次输入的文字的属性是一样的，输入完成后，我们可以把字号改小一点，字体的粗细也不要跟主标题一样，此处选择 Light，你会发现文字变得比较细和瘦，同样的，单击"对号"按钮确定操作。

这个时候来看这两排文字。文字之间是有间距的，我们可以调整一下字与字的间距。

全选这一排文字，然后在"字符"对话框里面设置所选字符的字距。

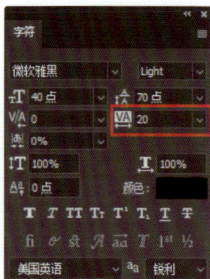

调到一个你认为比较满意的间距，最后再确定操作。

如果要放置大段的文字，例如一个段落应该怎么办？可以通过选择文字工具后，在按住鼠标左键的情况下，拖动鼠标指针拉出一个文本框，将段落输在这个框里面，这叫作段落文字。

把之前已经录入的一段文字复制过来进行粘贴，有时要选择整段文字有点麻烦，可以直接按 Ctrl+A 快捷键全部选中这些文字，按 Ctrl+C 快捷键复制，再按 Ctrl+V 快捷键把文字粘贴进来，同时把它的字号调小，字体样式选择 Regular，确定操作。

操作完以后会发现，行与行的间距有点大，不像是一个整体的文字，我们把它全部选中，在"字符"对话框字体样式选项下面有设置行距的选项，设置合适的行距大小，确定操作。

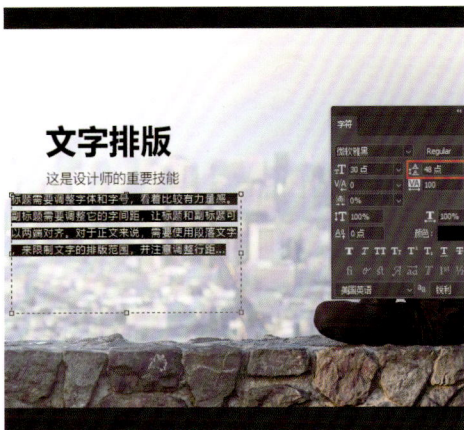

然后用"移动工具"把这个段落移动到合适的位置。

有些时候我们可能需要控制某些文字的字符基线。那字符基线是什么呢？比方说3个点的基线默认为底线对齐，而我们需要这3个点的基线移动到文字中部，跟文字居中对齐。全选这3个点，在"字符"对话框中有设置基线偏移的参数，把参数值加大，这3个点就会往上面移动。

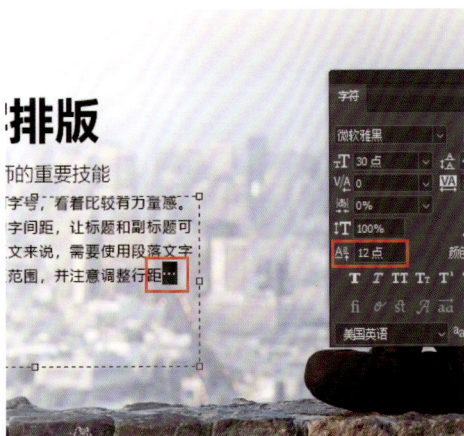

设置到这里以后，读者已经掌握了绝大部分有关文字设置的基本属性，但文字不只有字符的属性，也有段落属性，如段落的左对齐、右对齐及居中对齐。这个我们应该怎么去设定呢？在 Photoshop 里面还有一个"段落"对话框，在"窗口"菜单中选择"段落"命令，可以打开"段落"对话框，默认的第一行属性是段落的对齐，第一个是左对齐，第二个是

居中对齐，第三个是右对齐。

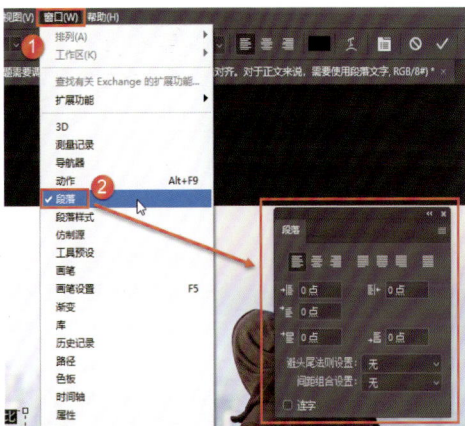

学习到这里，要注意一个比较特殊的知识点，Photoshop 中的文字与我们平时处理的对象并不一样。如果对当前的文字加一个滤镜，如"动感模糊"滤镜，那就要单击"滤镜"菜单，选择"模糊"命令，选择"动感模糊"命令，这时会弹出一个窗口，提示我们需要将文本栅格化或转换为智能对象后才能进行操作，就是要把文字这种特殊的对象转换成像素对象，这时就需要单击"栅格化"按钮。

只有将文字进行栅格化以后，才能对文字使用

Photoshop 里面所有的命令和操作，那怎么栅格化呢？可以在文字图层上右击，选择"栅格化文字"命令即可。

栅格化后的文字图层跟我们之前的普通图层的图标是一样，这时就能对其执行"动感模糊"命令了。

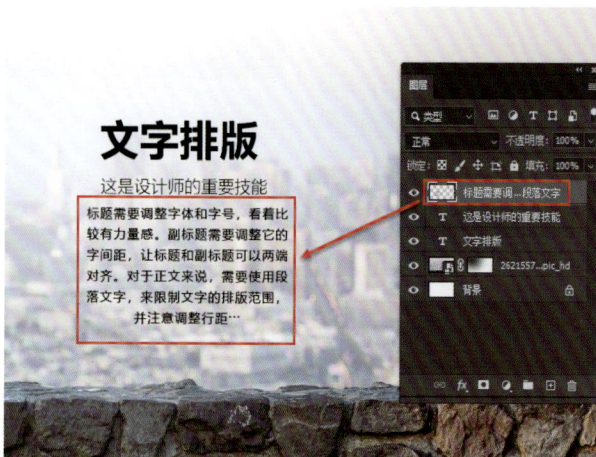

单击"滤镜"菜单，执行"模糊"命令下的"动感模糊"命令，设定动感模糊的"角度"，调小"距离"值，再添加一定的方向模糊，单击"确定"按钮即可。

第 8 章

通道

本章的内容为 Photoshop 的通道。通道这个概念在整个 Photoshop 的学习过程中略显晦涩，但它是利用 Photoshop 进行调色以及利用 Alpha 通道进行抠图的基础。为便于读者学习，本章主要介绍通道中最常用的两种，颜色通道和 Alpha 通道。

8.1 颜色通道

本节我们将以一张图片为载体，介绍 Photoshop 软件当中颜色通道的概念及特点。

本节知识点

◆ 认识"通道"面板。

◆ 通道的基本概念。

首先打开彩色鸡蛋图片，接下来的讲解将基于这张图片进行。

单击"窗口"菜单，选择"通道"命令，打开"通道"面板。

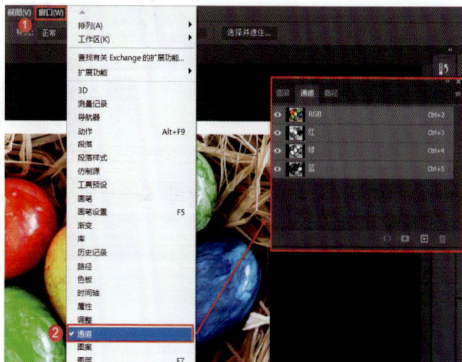

在这个面板中，可以看到每一个通道是通过发光来描述不同的颜色效果的，这与我们之前讲到的 RGB 通道存在相似之处。而在某种程度上，两者确

实可以等同，因为通道记录的是红光、蓝光、绿光的发光数。发光用白色表示，图中绿色的鸡蛋，代表其在绿色的通道中发光。单击"绿通道"，可以看到绿色鸡蛋区域呈白色，代表其发了绿光。

同时，在黄色鸡蛋中也有部分区域显示为白色，出现这种现象的原因是图像是由光线混合得到的，黄色由红色和绿色构成。同样，在"红通道"下，黄色鸡蛋也显示为白色。

以此类推，我们可以发现蓝色的鸡蛋在红通道中为黑色，在"绿通道"中由于其色彩不纯（该种蓝色带绿）没有完全显示为黑色，在"蓝通道"中则显示为白色。

值得注意的是，灰色是由红、绿、蓝等各种颜色光线混合在一起得到的。因为分别单击红、绿、蓝通道，我们可以发现，图片呈现出相似的灰度亮度信息，所以三者的混合会产生一个灰色的效果。如果光强，就是一个亮灰色；如果光弱，就是一个暗灰色。

8.2 Alpha 通道抠图

本节内容主要是学习利用 Photoshop 的 Alpha 通道进行抠图，说得具体一点，其实是利用画面的明暗关系进行抠图。

本节知识点

◆ 利用 Alpha 通道抠图。

◆ 通道载入选区。

本节以狮子玩具图片为例进行介绍，现在想要将它抠出。

打开"通道"面板，依次点开不同的通道，可以发现图片是由黑、白、灰的不同亮度关系呈现出来的。Alpha 通道的基本原理是白色表示被选中，黑色表示未被选中。狮子主体呈现出亮白结构，背景为黑色，所以在"红通道"中有利于将狮子抠出。

接下来将详细介绍如何将通道转换成 Alpha 通道，以及利用 Alpha 通道进行抠图。

因为要利用黑白关系来抠图，如果差异不够大，那就很难进行区分。通过观察可以发现，在"红通道"下，抠图对象和底稿之间的差异非常明显。选择"红通道"，单击"创建新通道"按钮，复制一个红通道，重命名为"红 拷贝"，这便是一个 Alpha 通道。

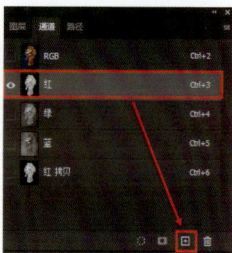

可以观察狮子身上还有一些灰色区域，是一种半透明的选区，这种区域不利于建立很清晰的选区。可通过一些调色的方法将这些半透明区域转换成白色或黑色，方便建立选区，本例中的半透明区域偏亮，因此将其调白。

单击"图像"菜单，选择"调整"命令下的"色阶"命令。

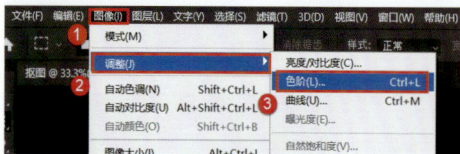

左边是黑色三角滑块，右边是白色三角滑块，拖动白色三角滑块选区会变白变亮，拖动黑色三角

滑块选区就会变黑变暗。

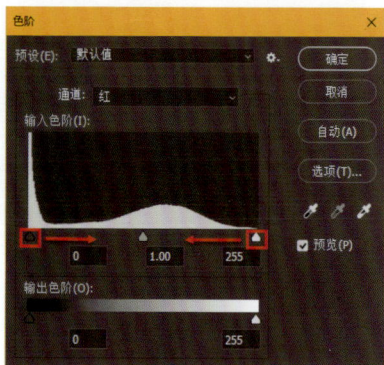

除了利用调色的方法进行黑色和白色的调整之外，还可以使用画笔来完成这个操作。

在工具栏中选择"画笔工具"，设定前景色为白色，将需要建立选区的地方涂成白色，一笔一笔完成。涂抹完成后，按住 Ctrl 键单击"红 拷贝"通道，可得到选区；或直接单击"通道"面板底部的第一个按钮，也就是"将通道作为选区载入"按钮，也可以将其载入选区。

单击 RGB 通道回到原图像，再切换回到"图层"面板即可。这时，按 Ctrl+J 快捷键可将抠取的选区部分提取出来到新的图层中，便得到了黑底色的新图像。按 Ctrl+D 快捷键可取消选区。

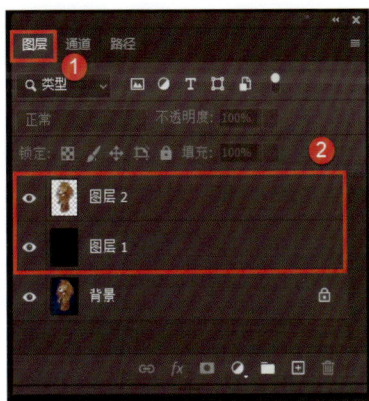

第 9 章

调色

同一张照片，有人喜欢冷色调的色彩效果，有人喜欢冷暖对比强烈的效果，有人可能会喜欢暖色调的色彩效果，当然也会有人觉得将照片转为黑白的色彩效果最佳。

影响照片色彩表现力的因素非常多，而在 Photoshop 中可以进行调色的命令也有许多种，但对于我们来说，只需要掌握其中功能最强大、最实用的 7 种调色命令即可。

9.1 色阶

本节介绍 Photoshop 中"色阶"命令的使用方法。在掌握了"色阶"命令以后，就能轻松地把画面的层次给控制得很好。

本节知识点

- ◆ "色阶"的概念。
- ◆ 使用调整图层。
- ◆ "色阶"参数调节。

本节以下图所示画面为例，介绍"色阶"命令的使用技巧。可以看到，整个画面的意境已经很好了，但层次感稍显不足。

什么叫层次感呢？如果在画面中有一个最黑的点，将其亮度设置为 0，有一个最亮的点，将其亮度设置为 255，而计算机对亮和暗的亮度的控制范围即为画面的层次感。对于某张照片来说，假设其最暗的点的亮度为 50，最亮的点的亮度为 200，那么这个画面中所有颜色的亮度只能在 50~200 这样一个区间中，不然就会导致最暗的点不够暗，最亮的点不够亮，使得画面缺乏层次感。此时就可以通过色阶命令来进行层次感的调整。

首先单击"图层"面板下的"创建新的填充或调整图层"按钮，在打开的菜单中选择"色阶"命令，这样可以创建一个新的调整图层，并打开了"色阶属性"对话框。在"色阶属性"对话框中可以看到一个类似于直方图的区域。最左边这个滑块对应的数值是"0"，这个是指原始画面中最暗的地方亮度为 0，同理原始画面中最亮的地方亮度为 255。

中间波形并没有接触到右侧和左侧，说明画面中非常暗和亮的地方缺失了。

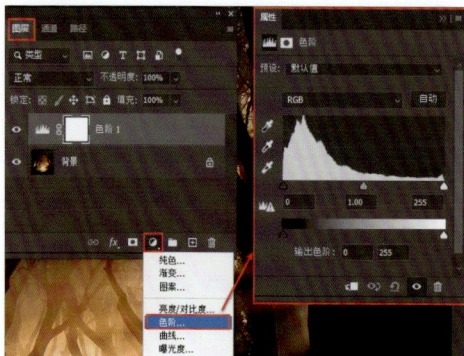

那么接下来，就需要利用"色阶"命令将部分亮度为50的地方调整为0。如果希望将原画面中亮度为50的地方变为0，不应该直接在输出色阶处调整，而应该将滑竿拖动到0，不然画面会显示为深黑或纯黑。如果想进一步加强层次感，可将黑色三角滑块向右拖动到图示位置。右边的白色三角滑块也以同样的方法拖动到233的位置。在调色图层下对效果进行显示和隐藏，观察层次感的变化。

经过上述调整，图片依然存在些许需要改进的地方。画面中阳光从侧面照进来，光线散射的效果营造了一种暖色调氛围。但是现在这个黄色光泽的暖光还不够强烈，那么还可以利用色阶命令对画面颜色进行调整。找到属性下的RGB通道，这个是对全图画面明暗的色彩调整。如果打开下拉列表，会发现可以针对一个通道进行调整。

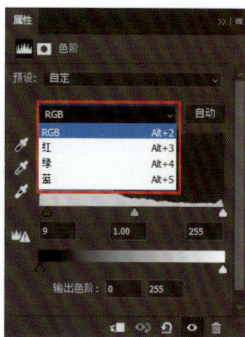

彩色通道的原理在上文讲过，即发光用白色表示。现在画面比较暖，但感觉暖得不够真实，正常来说太阳周边亮度非常高，不会太红，所以要让高光部分向偏黄一点的方向偏移。黄色调可以由红光和绿光混合得到，因此画面需要红光和绿光，于是要把红色和绿色两个通道都加强。首先选择"红通道"，拖动右边的白色三角滑块，可以观察到画面已经变亮了很多，但画面整体偏红色。然后在"绿通道"中将右边的白色三角形拖动一点点，会发现光已经变得更黄了，效果也很好地呈现了出来。

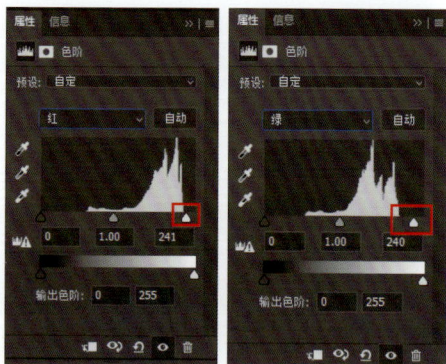

但是需注意在"绿通道"中不要拖动得太多，否则绿光会偏得太多，绿光应比红光少一点。同样通过显示和隐藏的方法，来与原图进行对比，原图层次感和暖色的光源都不够强烈，经过调整后，画面暖色的橙黄色光变得更加强烈。如果想进一步进行调整，不仅可以加强红绿光，同时也可以适当减弱蓝色光线。尝试着将蓝色减弱。根据刚才的原理，在蓝通道中，拖动左边的黑色三角滑块，发现画面的整体暖色调变得更加强烈了。

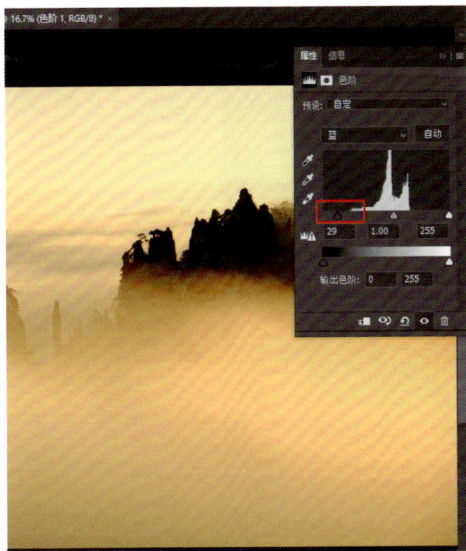

现在的图片与原图已形成了比较鲜明的对比。

以上的操作都是在拖动左边的黑色三角滑块和右边的白色三角滑块，接下来将介绍中间的灰色三角滑块的作用。先把画面调整到 RGB 通道，中间的灰色三角滑块是在现在的暗部信息和亮部信息下，决定整个画面呈现出偏亮还是偏暗的按钮。向左拖动中间的灰色三角滑块，可以发现整个画面偏亮；向右拖动中间的灰色三角滑块，发现整个画面偏暗。然而无论怎样拖动中间的灰色三角滑块，最暗点和最亮点是不会有任何的变化的。

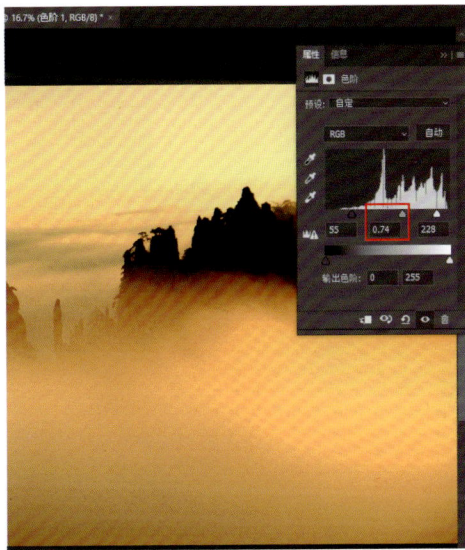

这样，调整黑、灰和白 3 个滑块，将照片调整到比较理想的程度上就可以了。

利用色阶调整图层不仅可以直接用眼睛观察成图效果，它还具有其他功能。假设选择背景图层，单击"图像"菜单，"调整"命令下也有一个"色阶"命令，选择后也可以打开"色阶"属性面板对照片进行改变。但这样的话，背景图层会被彻底地改变，不能还原。如果这次保存好了，下次就不便于再进行修改。

如果使用色阶调整图层，可以发现它是一个独立存在的图层，不但可以隐藏它，也可以把它删除掉，同时它还具备一个蒙版。可以在色阶调整图层用蒙版控制范围，将不需要改变效果的区域盖住。

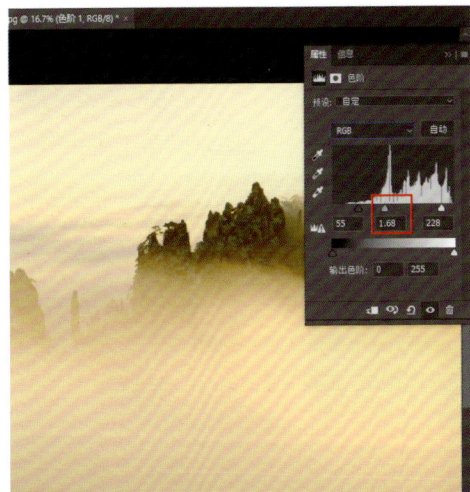

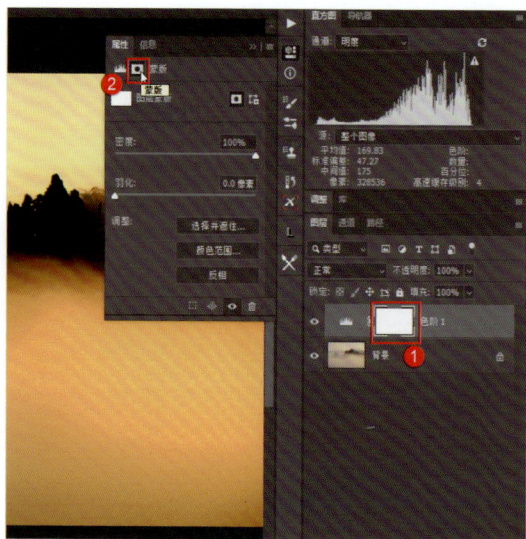

9.2 曲线

使用"曲线"命令能够进行比使用"色阶"命令更为精细的明暗及色彩层次的修改，并且可以使图片具有更加复杂的层次变化。

本节知识点

◆ 使用"曲线"命令调色。

打开如下图所示的照片，可以感觉照片中的氛围非常好，但是整体色调不足。比方说光线和岩壁的暖色光调还不够强，整个海面的颜色不是特别好，整体的层次还不够理想。

大家可以先观察一下调整以后的效果，发现无

论岩壁还是天空，色调都调整得非常到位。

那么这个效果是如何达成的呢？选择背景图层，单击"图层"面板下面的第四个按钮，创建曲线调整图层，打开"曲线调整"对话框。

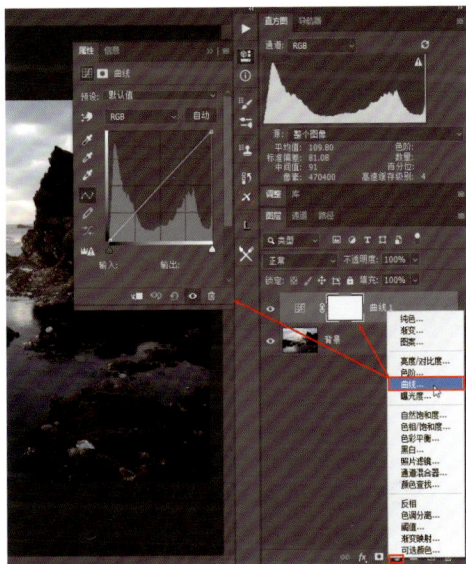

因为曲线是平滑过渡的，所以与我们所选的"69"这个亮度相邻的一些亮度也会有变暗的趋势，呈现一个变暗的效果。

反之往上拉，就会产生一个变亮的效果。

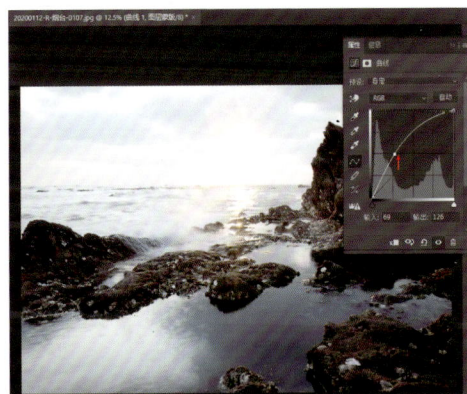

曲线调整图层与色阶调整图层不一样，色阶是一个横向的条目，依靠拖动两边和中间的三角滑块来调节画面整体的亮和暗，而曲线能够实现更精细的层次控制，因为在曲线当中画面为所有明暗点的原始信息都可以调节。

在中间的曲线基本线条上单击可创建一个锚点，此时在下方的参数中可以看到输入和输出值都为"69"，之前我们知道参数值为 0 就是纯黑，参数值为 255 就是纯白。69 是一个偏暗的点。

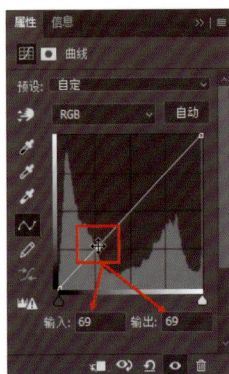

将创建的这个锚点竖直向下拖动，在向下拖动曲线的时候可以发现照片变暗，这是因为这时输入的值为"69"，输出值变为了"17"，从"69"到"17"，画面变暗。

TIPS

将创建的锚点向中间曲线框区域外部拖动，拖到外部后松开鼠标，可以将创建的锚点删除。当然，也可以按住 Ctrl 键单击锚点，从而将之删除。

与色阶不同，色阶是一个平均值，而曲线是一个衰减值。在曲线中还能进行更大的调整，即让亮的地方更亮，暗的地方更暗。

在曲线右上方，也就是照片比较亮的地方单击可以创建一个锚点，向上拖动，可以让亮部更亮；在暗部对应的区域创建一个锚点，向下拖动，可以让暗部更暗；这样，整个画面层次的对比会加强。

137

接下来进行色彩的调整。

现在想要提升岩壁的暖色，即需要把岩壁上的红光加强一下。打开通道下拉列表，选择"红通道"，在红色曲线左下方（也就是岩石暗部）单击创建锚点，向上拖动，这样可以让对应的岩壁等区域变红变暖。

之前我们介绍过，曲线是平滑过渡的，使岩壁变暖的同时会导致亮部的天空也变暖。这时可以在天空位置，也就是曲线右上方单击创建锚点，向下拖动让其恢复到原本的位置，这样就确保了照片当中只有暗部变暖，而亮部没有太大变化。

实际上这种光线夹角比较小的时候，往往是日出或日落时分，太阳光线及天空都应该是暖调的。但此时的天空色调比较淡，我们可以考虑为天空加上红色、橙色及黄色等暖调颜色。

再次创建一个曲线调整图层。

然后切换到"红通道"，为亮部增加红色，将暗部恢复回来；切换到"蓝通道"，为亮部降低蓝色（相当于增加黄色），同样，暗部也要恢复回来；切换到"绿通道"，为高光区域降低绿色（相当于增加洋红），暗部恢复。

回到 RGB 通道，此时可以看到红、绿和蓝通道结合的状态，以及画面的效果。

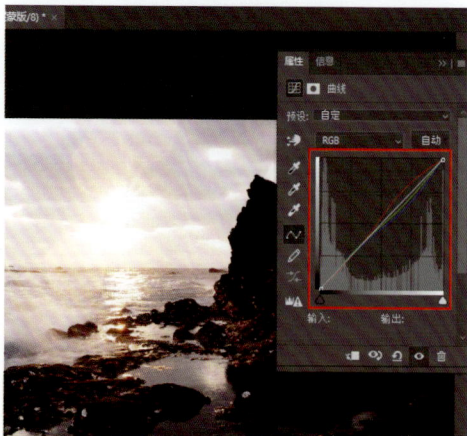

　　此时观察照片画面，可以看到暗部暖色调有些过重，这是因为在第一次创建曲线调整图层时，对暗部加红太重所导致的。可以单击选中创建的第一个曲线调整图层，适当降低其"不透明度"，这样可以看到暗部暖色减轻。

　　最后，将图层拼合起来，再保存照片就可以了。

9.3　色彩平衡

　　本节将学习一个比较简单的调整色彩偏差的命令，叫作"色彩平衡"，可帮助我们掌握对曲线节点的控制。

　　本节介绍"色彩平衡"这种调色命令，该功能非常直观，使用也比较简单，下面利用一个简单的案例来给大家讲解如何利用"色彩平衡"校正色彩的偏差。

本节知识点

　　◆　颜色校正。

　　打开原始照片，可以看到，这张照片的整体是有些偏红、偏蓝的。综合来看有些偏紫，下面我们将用"色彩平衡"命令进行调整。

单击"图层"面板底部的"创建新的填充或调整图层"按钮，在打开的菜单中选择"色彩平衡"命令，这样可以创建色彩平衡调整图层，并打开色彩平衡属性对话框。

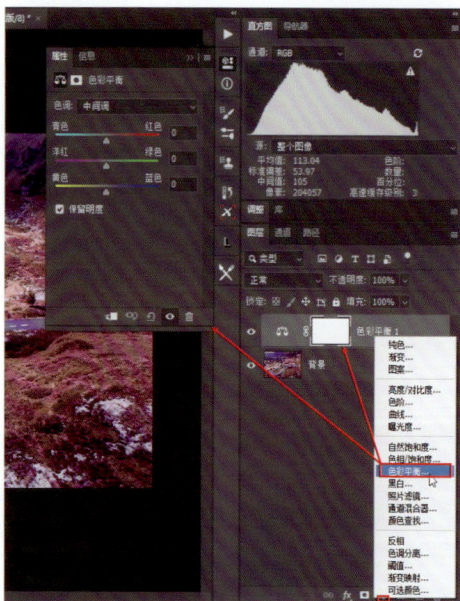

在该对话框中可以看到，它可以控制"阴影""中间调"和"高光"的色彩。

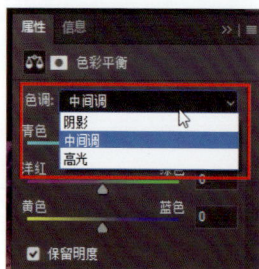

首先对中间调进行调整，刚才分析照片整体偏红和偏蓝。此时就不能够把画面再往红色方向调整，这样会导致画面更红，而应该往反方向调整，即往"青色"方向拖动滑块，相当于降低红色；同时，向"黄色"方向拖动滑块，会增加黄色，就相当于降低蓝色；这样感觉整体画面已经具有一定的校正效果。

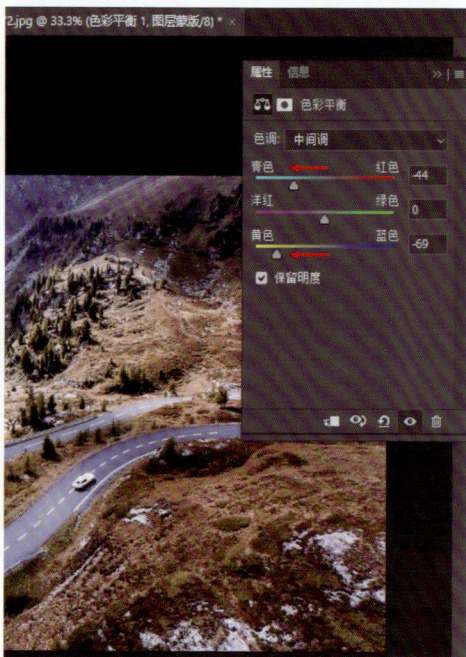

之前我们调整的是中间调，那远处背光的阴影部分调整效果就比较差，因为这部分为阴影；同样的，受光线照射的高光部分，调整效果也比较弱，因为这部分为高光。

接下来的调整就要区分不同的影调。

将色调切换为高光，可以看到高光部分有些偏蓝，因此可以将最下方的黄色－蓝色滑块向黄色方向拖动，这样可以降低蓝色。

但需注意调整的范围，不能够过度，过度会导致画面泛黄。

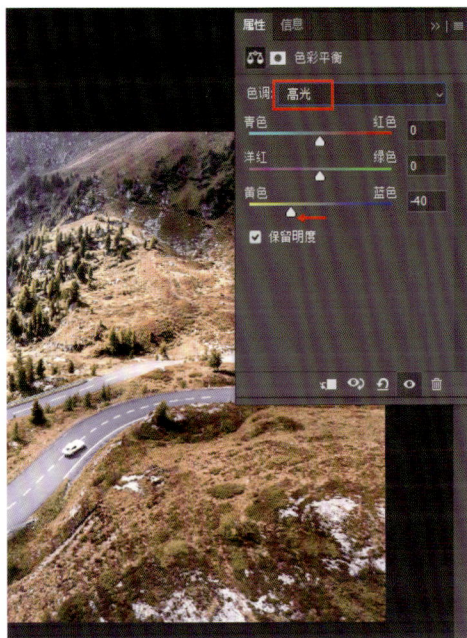

色滑块向黄色方向拖动，降低蓝色。

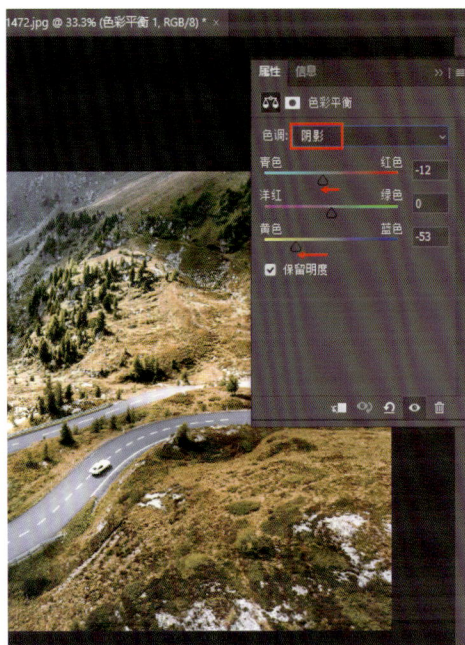

对于阴影的暗部，观察后可以发现它偏红、偏蓝，因此将"色调"切换到"阴影"；然后将青色－红色滑块向青色方向拖动，降低红色；将黄色－蓝

这样，画面的调整完成，将照片保存即可。

9.4 色相 / 饱和度

本节介绍 Photoshop 中"色相 / 饱和度"这个命令的使用方法。顾名思义，"色相 / 饱和度"能够调节画面全部的色相，并且可以指定画面当中某些颜色的色相，将其调整成其他颜色的色相。

本节知识点

◆ "色相 / 饱和度"的灰与灰度的差别。
◆ "色相 / 饱和度"的基础操作与调节参数。

打开原始照片，可以看到如下图所示的画面，你可能会更多地注意它的蓝天和水面，因为蓝天和水面的色彩信息比较饱和，视觉的冲击力比较强。而现在想要体现异域风情的建筑，即想把这些房子给凸显出来。

这个时候，利用"色相 / 饱和度"命令进行调色就非常合适。首先单击"图层"面板下的"创建新的填充或调整图层"按钮，在打开的菜单中选择"色相 / 饱和度"命令，这样可以创建一个新的色相 / 饱和度调整图层，并打开色相 / 饱和度"属性"对话框。

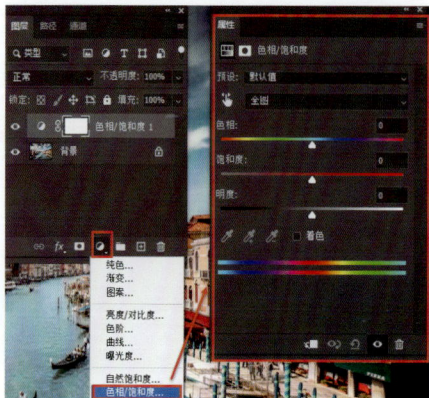

借助于"色相 / 饱和度"命令可以改变整个画面的色相，如果选择默认全图的话，整幅画面的颜色都可进行调整，比如说将下面"饱和度"的值调到"-100"，黑白照片就产生了。

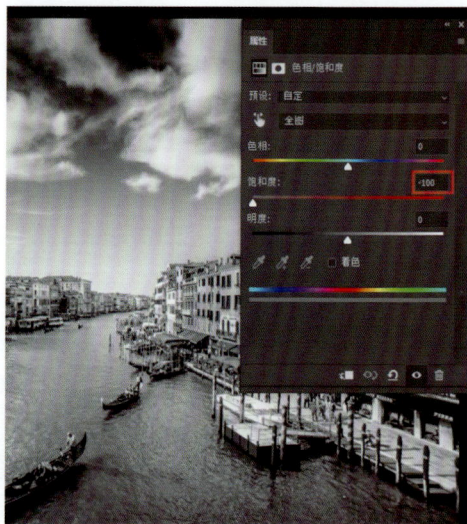

将"饱和度"恢复到原始状态。

现在想要凸显红色的房子，弱化青蓝色的天空，降低其色彩的信息。选择"抓手工具"，在画面当中找到你要处理的色调。"抓手工具"可以选择画面当中的某一个色调，单击指定区域以后会发现"属性"对话框下面出现一个横杆。向左拖动可以降低所选色调的饱和度，将饱和度信息去掉以后，会发现只有这种青蓝色会受到饱和度降低的影响，而周围的建筑没有受到影响。这样，就能使视觉重点就不在天空中。

接下来发现有些海水的颜色还是有比较高的饱和。这时可以在"属性"对话框下方继续扩大定位区域的范围，将水面也纳入进来，这样水面的饱和度也下降。实际上我们也可将鼠标指针移动到水面进行拖动，但由于水面与天空的色彩非常相似，所以即便继续在天空中拖动，也可以将水面饱和度降下来。但注意不要拖动过度，以免画面中红色和黄色的饱和度也受到影响。

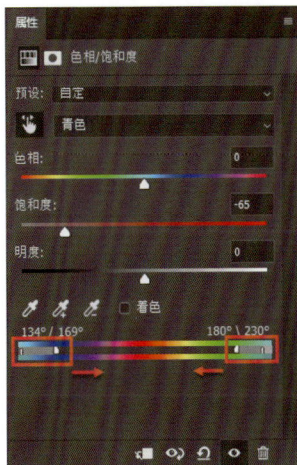

水面及天空调整到位后，再次使用"抓手工具"，选择房子的颜色，比方说红色，把它的"饱和度"增加。增加以后还希望它偏红一点，这时可以增加选择的这个颜色的色相。此时可以看到，调整后的图像中，异域风情的建筑更加突出。

接下来介绍一下"色相/饱和度"命令的其他一些功能和用法。在对话框上方，还有一个选项为预设，可打开其下拉列表。

预设是指系统提前帮你设定好的一些调整"色相/饱和度"的选项。比方说选择深褐，它就会让画面产生一种深褐色的氛围。如果选择旧样式，就会使画面呈现出一种怀旧的色调。这就是"色相/饱和度"中预设选项的使用方法。

9.5 可选颜色

"可选颜色"也是可以指定某一种颜色，然后对其进行调整的命令。

本节知识点

◆ "可选颜色"的概念与基本操作。

◆ "可选颜色"的颜色调节。

现在看到这个画面，是打开的原始画面，下面我们准备对该画面进行一定的调整。可以看到原始画面的色彩比较普通，我们想给画面调整出一个比较有特点的效果。

画面有比较明显的 3 个色彩区块。接下来，使用可选颜色命令进行调整。

根据之前介绍的方法，创建一个可选颜色调整图层。

在打开的可选颜色"属性"对话框中，在颜色的下拉列表中选择"红色"，选择"红色"后，可以把"青色"褪去一点，这样"青色"的补色，也就是"红色"会显得更红；也可以直接增加"洋红"，使画面更红。

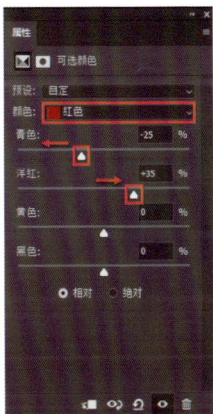

同理，现在准备要让绿色更加绿一些，选择"绿色"后，把"洋红"降低，效果并不显著，因为绿色系并不是纯绿色，而是混了一点黄色。如果你想使得草地更绿的话，应该选择"黄色"，把洋红降低，让"绿色"显得更绿。

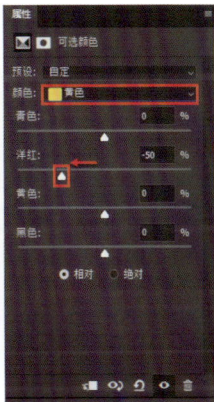

天空的蓝色应该属于青色，所以进入"青色"通道调整界面。现在想让天空变得绿一点，与地面绿色协调、统一。把"洋红"降低，能使得天空偏绿色（洋红的补色为绿色，这样降低洋红，就相当于增加绿色），调到自己喜欢的效果。

整个画面中一些亮、暗的地方还需进行调整。调整时，可以在选定某个色彩后，调整底部的黑色滑块，增加黑色可以让该色彩变暗，反之则变亮。

如何确定自己想调整的颜色呢？首先，观察画面，判断需要改变哪一种颜色，再来进行更改。青色、洋红、黄色是红色、绿色、蓝色的补色；减少一种色彩的比例，就相当于增加它的补色的比例。比如说，降低了洋红，就等于增加了绿色，这就是调色的规律。

9.6 渐变映射

"渐变映射"这个命令可以直接把一个渐变的色彩覆盖到整个画面中由亮到暗的区域，让画面快速实现色彩的变化。

本节知识点

◆ "渐变映射"的典型用法。
◆ 创建渐变映射调整图层。

首先打开原图，可以看到这是一张黑白灰的照片，照片中展示的是烟雾。

如果可以把某些彩色信息由亮到暗替换上去，就可以得到各种各样的色彩氛围。比如说，如果替换的是暗红色、橙黄色，就可以得到一个火焰的效果。

下面是具体的实现过程。

首先，创建一个渐变映射调整图层，并打开渐变映射属性面板。

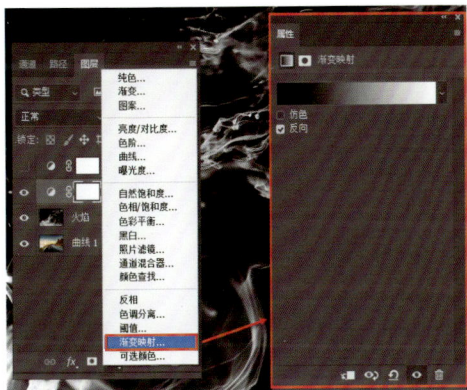

创建以后可以发现已经呈现了一定的效果，"属性"对话框中最左边的颜色已经替换了画面当中最暗的颜色，最右边的颜色已经替换了画面当中最亮的颜色。

下面可以测试下系统自带的其他的几个渐变映射的效果。单击渐变映射属性面板右侧的下拉三角按钮，在打开的下拉列表中，选择一个新的效果，可以看到，渐变映射"属性"对话框最左边的颜色替换了画面当中最暗的地方，中间的粉色替换了刚才画面中灰色的地方，而烟雾最亮的地方，被替换成了最右边的颜色。这也遵循着渐变映射最基本的规则，用最左边的颜色替换画面最暗的地方，用最右边的颜色替换画面中最亮的地方，其他颜色均匀铺开。

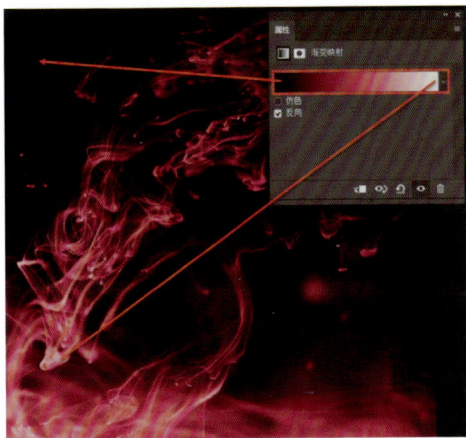

那现在想要得到一个火焰的效果，火焰照不到的地方就应当呈现出一个比较深和暗的颜色。

打开渐变编辑器对话框，按住 Alt 键将左侧黑色色标向右拖动，可以拖动出第三个色标，然后松开鼠标；再次按住 Alt 键向左拖动右侧的白色色标，可以拖动出第四个色标。

现在，可以把最左边第一个色标对应的色调改成一个比较深暗的颜色；再选择第二个色标，将其颜色调为暗红色；第三个色标设定为黄色，可以稍微亮一点；最右边的第四个色标，对应的是最亮的白色。

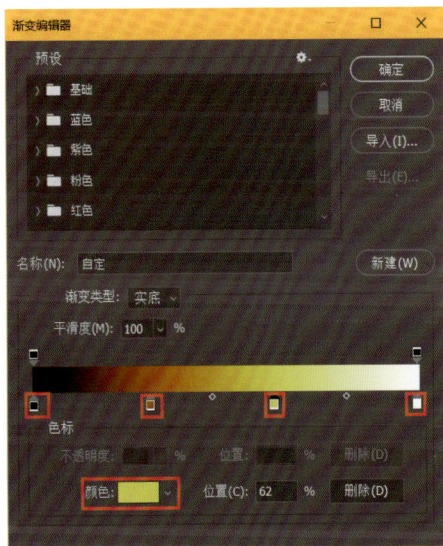

设定好之后单击"确定"按钮，就完成了色彩的调配，可以看到火焰的渲染效果是非常理想的。

实际上,这种渐变映射可以一次设定，多次使用。比如说，下面这张风景照片，可以使用同样的渐变映射。

测试后，发现有点过于夸张，像夕阳照射下的画面，但是效果太强烈。

这时，可以调整渐变映射调整图层的"不透明度"。单击将图层选中以后，对它的"不透明度"进行调整，就可以得到夕阳照射下的效果。

与原图进行对比，发现差距还是十分明显的。这说明这种"渐变映射"，不单可以用来制作一些火焰效果，也可以对画面的整体风格和色调进行调整。

9.7 黑白

调色功能列表中，还有一种比较特殊的"黑白"命令。选择"黑白"命令后，可以打开"黑白调色"对话框，使用该命令进行去色，与去除饱和度得到的黑白效果是不同的。

本节介绍 Photoshop 中的"黑白"命令，它能够通过调整画面中每一个原始的彩色信息来控制画面变黑、变白的程度。

本节知识点

◆ "黑白"。

◆ 利用黑白调色突出层次。

◆ "色相 / 饱和度"与"黑白"的区别。

这是准备好的原始照片，可以看到是一张秋意正浓的航拍照片。

现在先不用黑白命令，用之前讲过的"色相/饱和度"命令进行调整，降低饱和度后，与之前效果的对比差异显著。在这个画面当中，应当突出公路，然而使用"色相/饱和度"命令调整后的公路和边上的树的层次基本上处于同一个灰度级别。这就是用"色相/饱和度"命令进行去色处理的缺点，即无法得到很好的黑白画面层次。

接下来，删掉色相/饱和度调整图层，将照片恢复到初始状态，利用"黑白"命令来进行黑白处理操作。

创建黑白调整图层，并打开黑白属性面板。

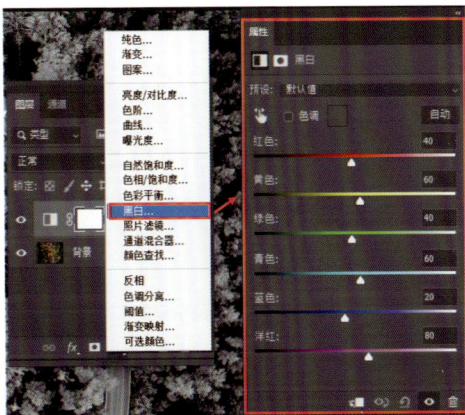

在黑白"属性"对话框中可以分别对"红色""黄色""绿色""青色""蓝色"和"洋红"等色彩的明暗进行控制，通过对色彩明暗的控制，就可以在画面变为黑白时进行调整，如是变亮一些还是变暗一些。

比如说，降低"绿色"的值，这样在得到的黑白画面中，整个绿色的树木都变暗了一点。在这个画面中，基本上没有什么青色调，蓝色也很少，所以稍微可以强化一点。调整的时候，注意不要将画面调到过暗。

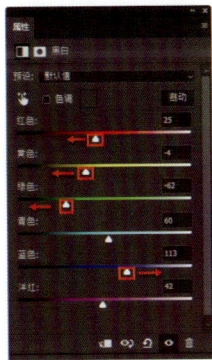

接下来创建一个快照，和使用"色相/饱和度"命令进行的调整做一个对比。

单击"窗口"菜单，选择"历史记录"命令，打开"历史记录"对话框。为当前的效果创建一个快照；接下来再在"历史记录"对话框中找到进行色相/饱和度调整的步骤，单击该步骤回到色相/饱和度去色的状态，然后再创建一个快照。

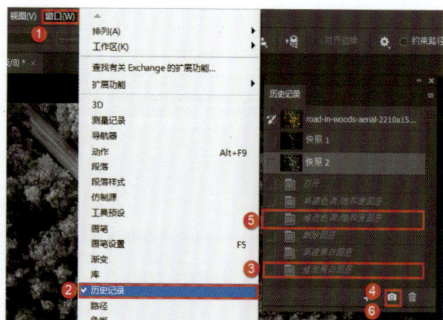

用"黑白"命令可以很容易地突出这条公路。

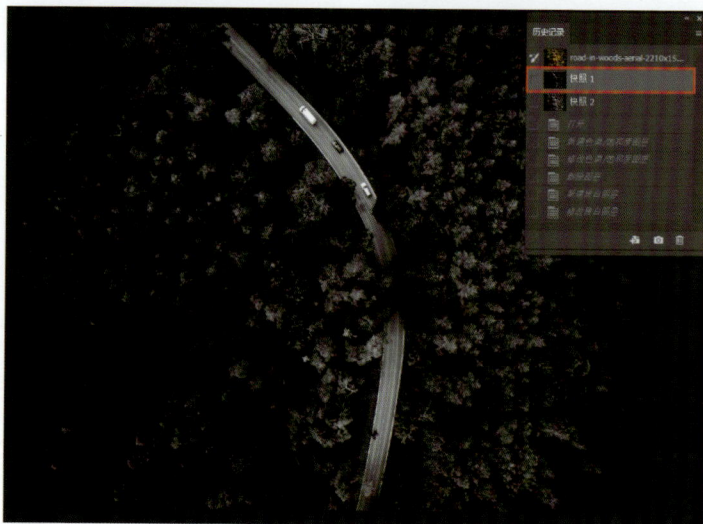

在用"色相／饱和度"命令进行去色后得到的黑白画面中，可以看到公路与周边融在一起，不太明显。

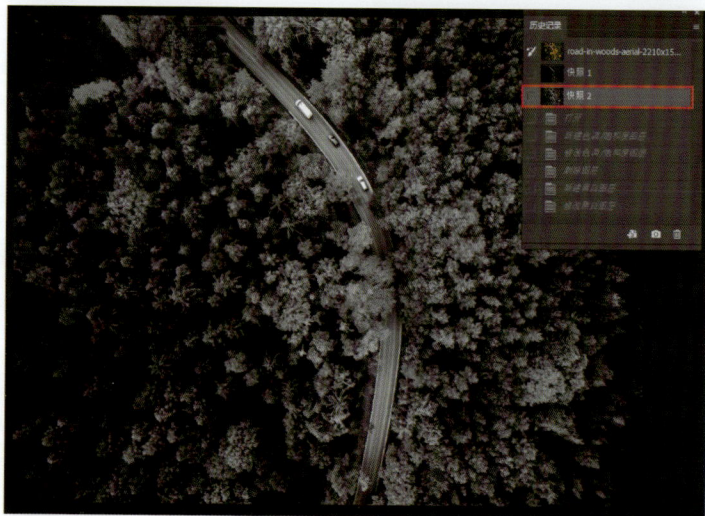

第 10 章

常用混合模式的使用

本章介绍 Photoshop 图层混合模式功能的使用方法。在学习完本章内容后，我们可以知道图层与图层之间的像素能进行一些融合计算，并能达到非常神奇的效果。

利用图层混合模式合成极光照片

这张看似毫无违和感的照片，实际上是由 3 张图片合成的，而且基本上没有进行抠图操作，这种神奇的合成效果是利用混合模式达成的。

首先打开背景图片，找一张月亮的素材照片。

可以看到这个月亮对应的是合成图左上角的月亮。当然，你也可以把月亮放在其他自己喜欢的位置。

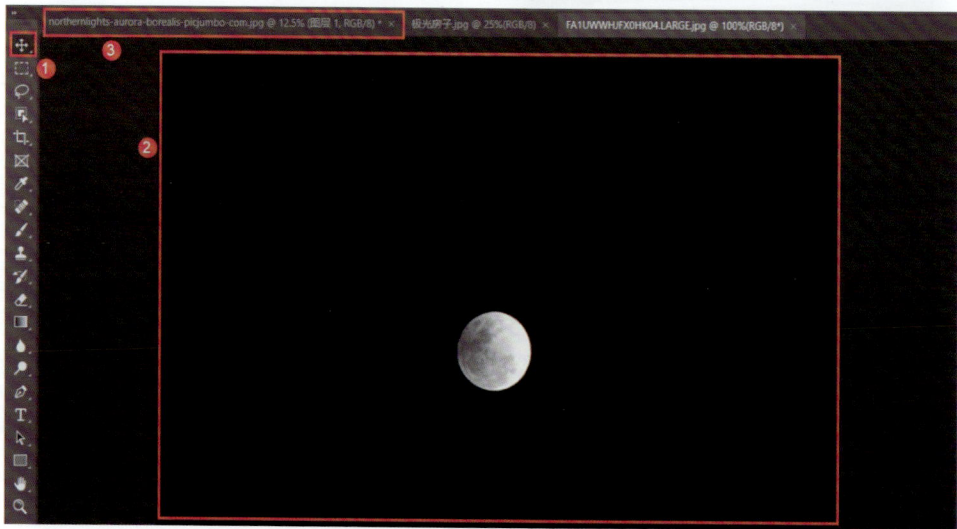

放完月亮以后，接下来单击选中月亮图层，使用图层的混合模式得到想要的月亮的效果，这样月亮照片的黑底就消失了。具体操作时，在"图层"面板上方，单击图示位置正常选项后的下拉三角按钮，打开图层混合模式下拉列表。

变暗组别，会使画面全部变暗；变亮组别，会使画面全部变亮；叠加，会使画面叠在一起，让画面层次感更好，加强对比度。

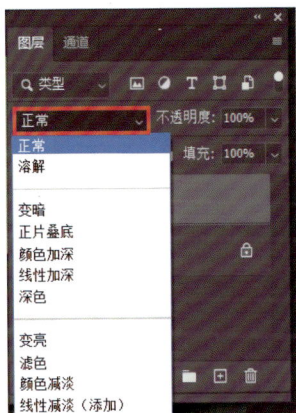

特定公式，只需简单测试一下最终的效果就可以了。在这里使用的是滤色模式，操作完毕后，暗色调的黑色就没有了。所以不需要抠图，就直接生成了这样一个效果。

将月亮图层的混合模式改为"滤色"，这样就可以提取照片中较亮的月亮，而黑色的底色则会消失。

变亮组别中，不同变亮选项的差别在于算法的差异，有些是两个图层中不同像素亮度的对比，哪个亮取哪个；有些是两个图层对应位置像素的亮度相加，然后得到一个更亮的结果。读者不需要掌握

如果底色不是黑色的，而是一个普通的画面应该怎么办呢？比如说，第二张素材照片，是这个有极光、有房子的照片，把它移动到画面当中。

对于本素材来说，可以尝试使用变亮组别，如试一下"滤色"。选择滤色混合模式，极光就达到了一个很好的效果，像从后面的山发射出来的一样。但是也有一些地方过亮，这是因为素材和底图混合，使得全图变亮。

这时可以为这个素材创建一个图层蒙版，然后选择"画笔工具"，将前景色设为黑色，然后在一些不想要变亮的位置进行涂抹，将黑色像素遮挡掉。注意画笔的笔头不要过于生硬，要柔和一些，使用柔和的笔头涂抹不想要变亮的位置，会让画笔边缘有一定的过渡效果。

这样，就实现了最终的合成效果。

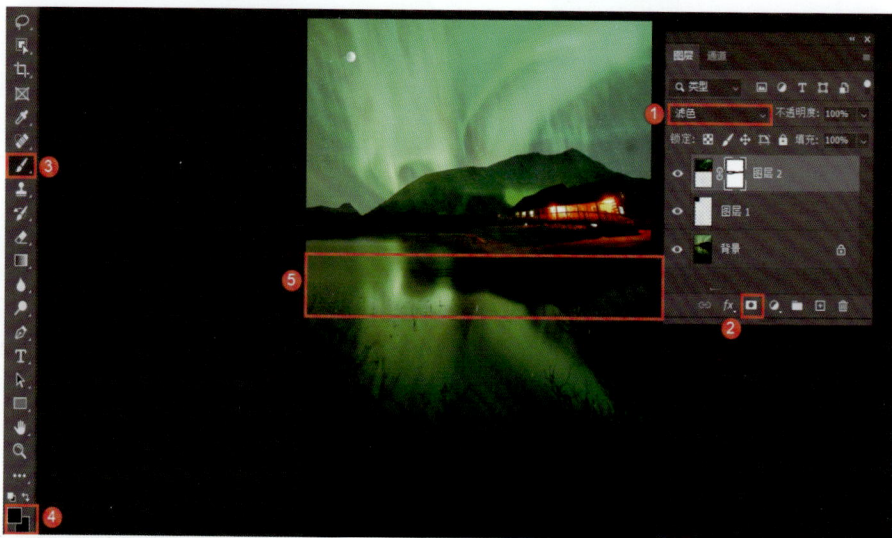

下面再来学习另外一些混合模式的用法，比如说完成下图的老旧胶片效果。

在处理时，先找到素材中的美女照片；再去找胶片的素材，然后选择"移动工具"，将胶片素材拖入，放在美女照片上。

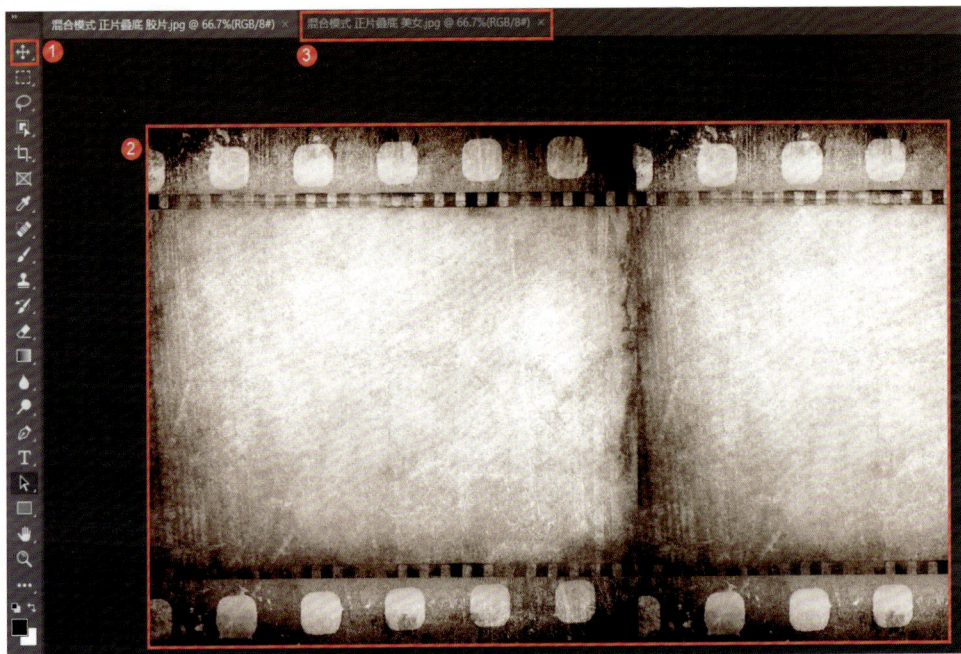

两张照片叠加后，使用混合模式，可产生一种比较特殊的效果。

在这里，我们希望得到一种更黑更暗的效果。单击上方的胶片素材，将其混合模式改为"正片叠底"。"正片叠底"与"滤色"刚好相反，正片叠底会创造一个更暗的效果，这样可以得到一个混合的效果。

图片中美女脑袋位置会有一点点奇怪，单击选择背景图层，给它创建一个图层蒙版，准备把不够理想的位置遮挡掉。选择"矩形选框工具"，在画面上方和下方创建两个矩形选区，然后将前景色设定为黑色，然后按 Alt+Delete 快捷键对选区填充黑色，这样可以遮挡上下边缘。

　　照片合成后，可以看到此时整个色调氛围和色彩的感觉还需进一步调整。它不像老旧照片一样偏黄、偏褐，现在还是可以用混合模式来解决这个问题。

　　新建一个空白图层，然后将前景色设定为需要的色调，老旧照片一般偏黄、偏褐，因此将前景色设定为这种色彩。

　　然后按 Alt+Delete 快捷键就可以为新建的图层填充前景色。填充完以后，我们希望这个色调赋予刚才胶片和美女的画面。

　　在图层混合模式中，除了变亮组别、变暗组别之外，还有差值（颜色反转的一种算法）、色相、颜色（把当前图层的色调赋予下面的那些图层）等。此处推荐大家使用"颜色"这种混合模式，执行完之后，发现画面的颜色有点凝重。此时，可以改变一下图层的"不透明度"，让它不要有那么重的效果映射上去。得到浅一点的黄褐色的色调效果，最终实现了想要的照片风格。

第 11 章

图层样式

在 Photoshop 当中，图层样式是一种非常特殊的功能，借助于该功能可以对图片、文字等进行艺术化的调整，使图片或文字实现各种立体投影、质感以及光影效果。本章将借助于具体的案例，来介绍图层样式的设定及使用技巧。

11.1 图层样式基本操作与功能（1）

图层样式包含许多命令，如"发光""投影"等，参数也很多。本节将结合一个实际的案例来帮助读者轻松地学习图层样式的使用方法。

本节知识点

◆ 图层样式的作用。

◆ 混合选项参数的调节 1。

本案例我们实现了下图的效果，图片中的文字为 LAYER style，英文翻译过来就是图层样式。图层样式一般会先假定一个光源的方向，比方说假定光源在左上角，而右下角泛绿色的荧光是因为在右下角做了霓虹灯光的效果，文字就会受到霓虹灯光的影响。

首先，新建一个填充了黑色的画布。然后在背景上分别单击，输入两行文字：设定字体、颜色等信息，然后第一行输入"LAYER"，第二行输入"style"。可以看到这两行文字分别生成了两个文字图层。

TIPS

本例使用的 Futura 字体，如果你的计算机没有这种字体，可以去网络上下载，或是用一些其他相似的字体替代。

右击LAYER这个图层,在弹出的菜单中选择"混合选项"命令。这样可以打开"图层样式"对话框。

首先找到"颜色叠加"选项,勾选"颜色叠加"前的复选框,然后单击这个选项,打开颜色叠加属性栏,在此可以改变文字的颜色,这里设定为灰色,可以看到图片中的文字色彩已经由白色变为了灰色。

接下来看其他样式选项。这里介绍"斜面和浮雕"的相关参数,单击该选项。

首先来看"大小","大小"是"斜面和浮雕"里面比较重要的参数,通过拖动我们会发现"大小"是指斜面可以斜到多高的一个程度。

再看一下"深度"这个命令,将"深度"调大以后,文字会变得非常的锐利。接下来再看一下与"大小"相配套的一个叫"软化"的参数,增加"软化"参数的值,可以使画面变得柔和,使边缘变得圆滑。默认的样式叫"内斜面",即文字往内产生一个倒角。而"外斜面"就是文字往外产生一个倒角。浮雕效果是文字往里面产生一半倒角又往外产生一半倒角,这个可根据需求选择使用。一般情况下,默认为内斜面。斜面和浮雕能够使文字立体起来,当文字同时有暗边和亮边才可以有这种效果。

接下来要确定光源的方向,假定是在左上角这个位置。"高光模式"可以设定为"滤色",高光可以选择白色,适当增加白色的值。"阴影模式"选择"正片叠底",可把文字边缘设为绿色,稍微降低一点"不透明度",以得到一个更淡的颜色。

接下来要了解的是"等高线"。等高线从字面意义来讲，是非常难以理解的。等高线会被默认是一条直线。单击该选项，打开下拉列表，系统自定义了一些等高线。随便选择一个效果，斜面的边就会发生明暗变化。选择不同的效果，将发生不同的形态变化。于是等高线在默认情况下其实是高光，但如果改变了曲线的形态，字体上有的颜色会变亮，有的颜色会变暗，这样就形成了不同的边缘凹凸的效果。

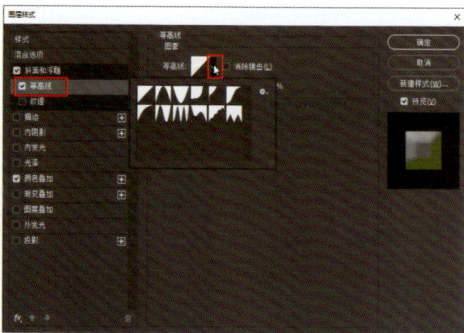

接下来将学习如何给文字加纹理。单击该选项，在图案的下拉列表中可以选择系统已经有的一些图案，不同的纹理会有一个不同的效果。如果你不满意系统自带的这些样式，还可以载入各种各样的图案。

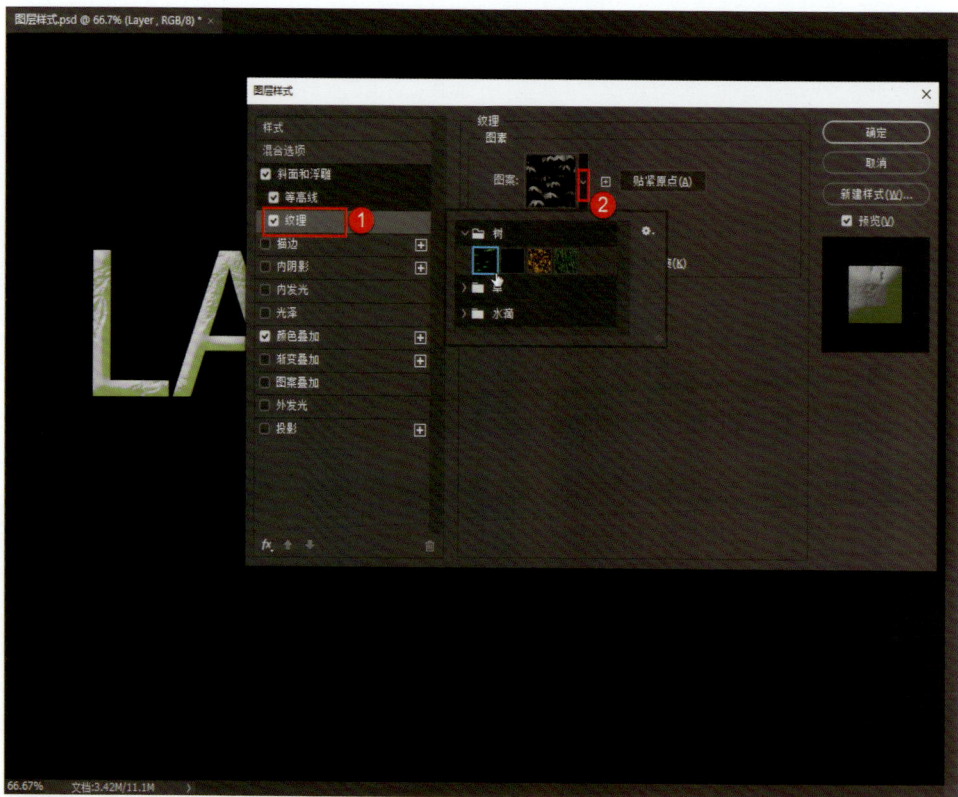

接下来可以给文字加一点点投影。投影是最好理解的一个特效。单击该选项后，增加"距离"参数值，此时投影出现在右下角，因为光源在左上角。现在的投影有点生硬，我们可以调整"大小"的参数值，让投影虚化一点，直至调整到想要的投影效果。

　　但是现在选择的这个纹理基本感觉不出立体的质感，这与斜面和浮雕产生的立体质感的光源密切相关。此时这个光源点在非常靠近中心的位置，也就是说光直接照在字的正面和底面。此时底面被照亮，使得亮面和暗面就缺乏立体的质感。我们可以调整光源的位置，让它不要这么靠近中心，稍微靠边就可以产生很强烈的立体质感。因为光源是从侧面打过来，受光面就会比较亮，背光面就会比较暗。于是就能得到比较强烈的立体凹凸的质感。

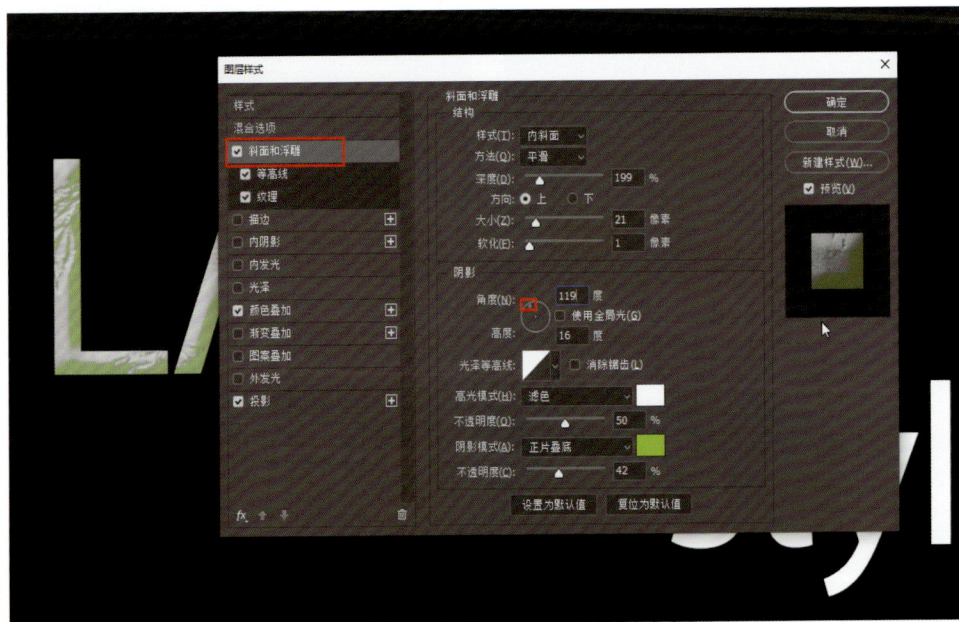

11.2 图层样式基本操作与功能（2）

本节将学习如何利用图层样式给文字做一个霓虹灯光的效果。

本节知识点

◆ 混合选项参数的调节 2。

◆ 外发光的应用。

现在找到右下角"style"这个单词。

右击该图层，选择"混合选项"命令，打开该图层的"图层样式"对话框。现在还有另外一种方式可以打开该对话框，在图层右边空白处，双击，同样可以弹出"图层样式"对话框。

霓虹灯光效果是如何产生的呢？首先给它做一个外发光效果，外发光可以选择一个自己喜欢的颜色。单击外发光选项默认为白色，此处可以选择绿色。选择好以后发现没有什么效果，这是因为参数还没有进行调整。找到"大小"这个参数，把它调大，可以发现光晕效果已经出来了。把"扩展"调大，图片就变成了想要的效果。若希望它能包含一定的过渡，可以把这个值稍微调回去，让它稍微扩展，让光晕较强。

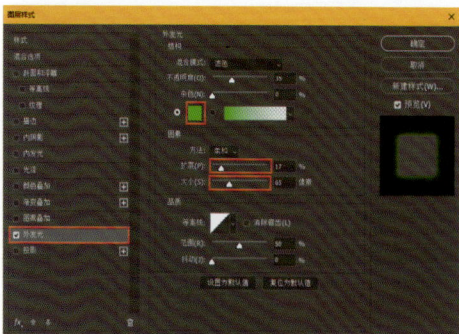

现在想要去掉中间白色的"style"文字，可以通过调整"不透明度"参数。在"混合选项"的参数中有"不透明度"，如果直接将该参数值调为零，会使文字和图层样式都不可见。打开总控开关，这个开关可以控制整个图层，包含文字内容和图层样式。

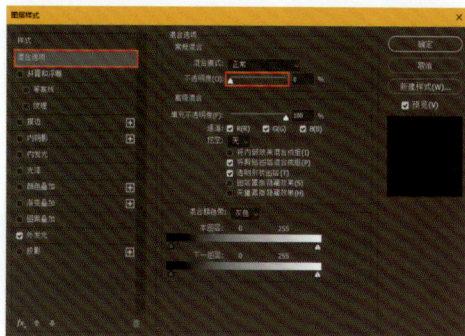

此时可以将"不透明度"的参数值调为"0"，这样文字就只保留了图层样式的效果，本身的透明度则为 0。

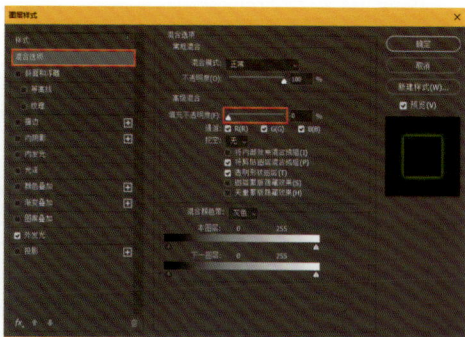

"style"文字是空心的，为什么会有光呢？按照霓虹灯光产生的思路，在这里还要再加一个特效。比如说，单击"描边"选项，可以把大小的单位值依两个单位递进调整一下，注意不要把边调整为黑色，可以选择一个鲜绿色，单击"确定"按钮，这样就产生了一个霓虹灯光的效果，即文字外围扩散产生了绿光。

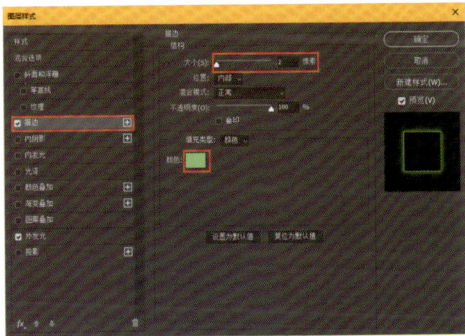

接下来做一些细节的调整。光线有点不够亮，

使得另一边的文字有点暗，所以找到外发光，将绿色的文字调整得更鲜亮一点。这样的话，霓虹灯光的效果就制作完成了。

接下来可观察全局的效果，放至全图，感觉整个画面的背景有点太单调了，可以给背景图层加一点图层特效。选择图层 0，双击，打开"图层样式"对话框。这里可以加一个小小的界面，模拟艺术灯光效果。在"图层样式"对话框中选择"渐变叠加"，在"渐变"下拉列表里选择灰白黑，调整"角度"，使其不要从上到下，稍微倾斜，直至调整到合适位置。

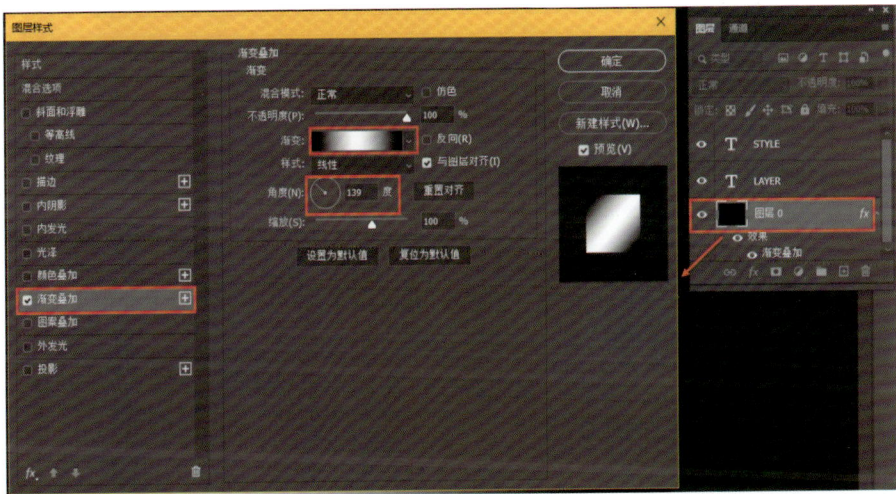

但现在仍有点突兀，白色略长，不符合灯光的样子，打开"渐变编辑器"，调整中间的白色，把颜色改成深一点的灰色。

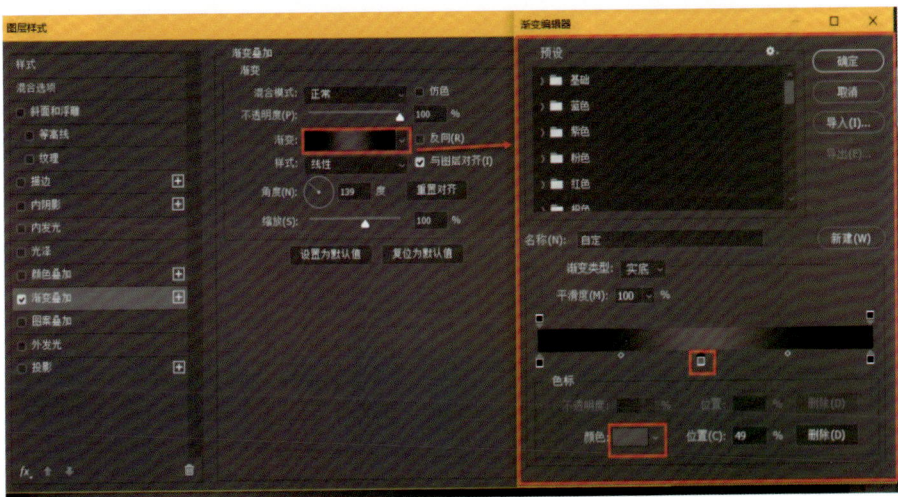

但是现在还缺乏质感，可以尝试使用"渐变叠加"，选择"渐变叠加"以后，默认选择了图案，但是因为在图层样式里面也是遵循上面挡住下面的原则，所以在这个地方可以更改混合模式为"正片叠底"。

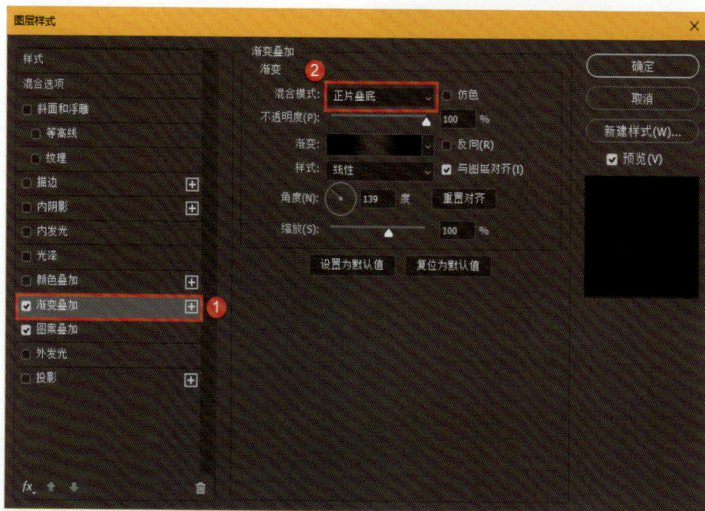

现在底下的图片已经产生叠加的效果。叠加的效果还可以进行改进，在左侧勾选"图案叠加"复选框，然后在右侧点开图案后的下拉列表，在其中选择一个点阵网格效果。

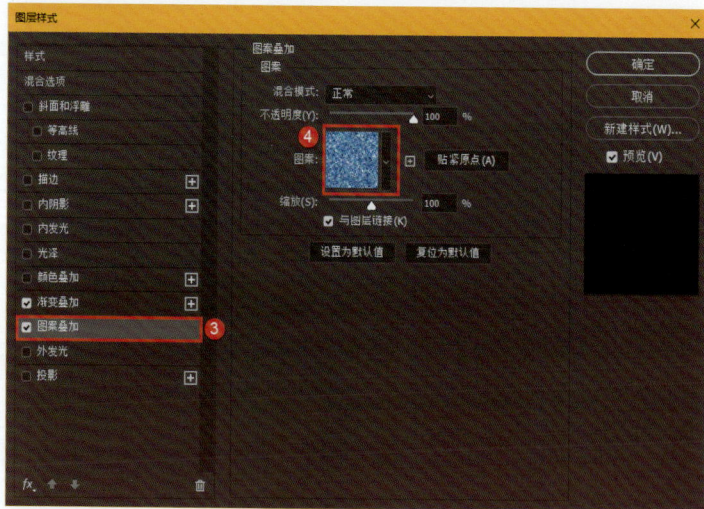

这样，即可完成最终效果，单击"确定"按钮返回即可。

第 12 章

矢量绘图

本章将介绍两种矢量绘图工具的使用场景及具体的使用技巧，这两种工具分别为"钢笔工具"和"路径工具"。具体讲解时，本章会以两个不同的案例为载体，将工具的使用结合到具体的案例应用当中，这样可以加深理解，更利于读者深度掌握这两种工具的使用方法。

12.1 "钢笔工具" 的使用

本节将介绍 "钢笔工具" 的使用技巧。

"钢笔工具" 非常特殊，不管在什么样的颜色和环境下，都能够做到非常精准地把图形抠出来，所以非常有必要学习。

本节知识点

◆ 准确使用 "钢笔工具"。

下面以这张石膏像的照片为例介绍 "钢笔工具" 的使用方法，我们现在就需要将石膏像抠出来。

先来试一下之前学过的一些基本工具，比如 "快速选择工具"。选择 "快速选择工具" 后，按住鼠标左键并进行拖动，完成选取的操作。会发现，人像的左边与背景之间有一定的色差值，能够分析出来，但是右边与背景色太相近，会使一大片背景都被划在选区内。即使我们利用减法的运算，也不能将其抠出来。在这种情况下，就可以利用 "钢笔工具" 进行抠图。

接下来，将详细介绍 "钢笔工具" 实现抠图效果的过程。

选择工具栏里面的 "钢笔工具"，在照片中单击，创建一个点，该点叫作锚点。单击，继续单击，可以发现沿着物体的边缘创建出了一条线，这条线叫作直线路径。

显而易见，图形的抠图不可能都是直的。这就需要学习如何使用 "钢笔工具" 创建一个曲线路径。当我们再单击某个点的时候，按住鼠标左键，将鼠标指针拖动出一个方向，就可以产生曲线。

拖动出一个方向是指，在建立选区的过程中，遇到一些转弯的线条时，可以利用按住鼠标左键并进行拖拉来调整前进的方向。这种方向的操作存在一定的规律，即沿物体的法线方向进行拖拉。

如果在拖动结束时，发现对抠图区域不满意，此时不需要返回重新来，可以利用控制路径形态的工具进行调整。在工具栏中将鼠标指针移动至如图所示的图标上，右击，会出现两个工具，一个叫作"路径选择工具"（黑），另一个叫"直接选择工具"（白）。

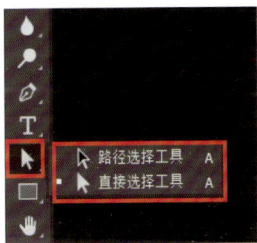

这两个工具存在哪些区别呢？如果选择"路径选择工具"，可以发现路径中所有点都是实心的，表示选中状态，整个路径都是可以移动的。而选择"直接选择工具"时，发现点是空心的，这说明该工具可以控制路径中每一个锚点的形态。知道这个区别后，在本图中就可以选择下面的直接选择工具，然后选择需要再次编辑的锚点，拖动边缘曲柄，改变出需要的具体形态，直至控制好该形态。除了曲柄的曲线可以拖动以外，锚点也可以拖动。如若位置不太好，可以稍微调整一下锚点的位置。正是因为路径可以再次编辑，且可以通过锚点曲柄的形态去控制曲线，所以"钢笔工具"可以做到最精准的抠图。

回到"钢笔工具"，继续下一步操作。放大图片发现钢笔的右下角是一个星号。星号是指绘制一条新的路径。但此时不需要绘制新的路径，应继续沿着刚才的路径操作。找到路径的锚点，将鼠标指针靠上去，此时右下角变成了一个方块和一条贯穿方块的线。这里可以形象地理解为"穿针引线"，即"缝缝补补"继续之前的操作。

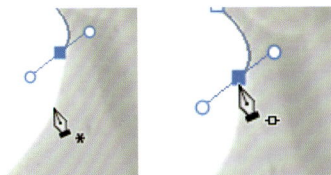

单击描点，移开鼠标指针，此时右下角变为空白，代表现在已经连上刚才的路径对象，可以继续往下编辑。当继续往下点的时候，曲柄控制物体的弧度过大，这是因为直接选择工具下的曲柄可以控制两边，此时需要调小曲柄。

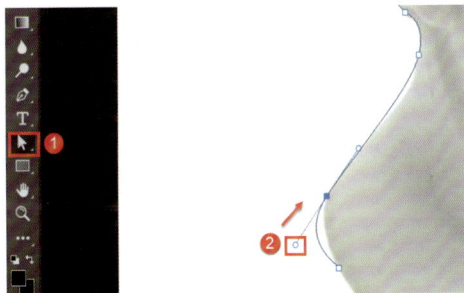

然而，如果后面依然遇到这个问题，每次都需要进行调整，就不免显得繁杂。此时应当去掉多余的曲柄，让后面的曲线由后面的曲柄控制。按住 Alt键，此时钢笔右下角出现一个小尖头，单击，多余的曲柄就会被取消。

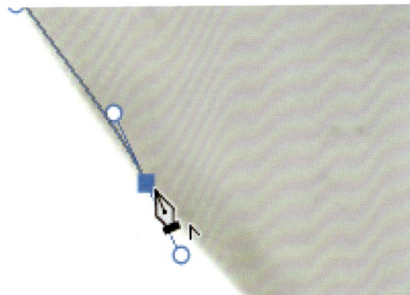

继续抠图，每一次遇到有弧度的地方操作完毕后，都可取消之前的曲柄。如果在选择的时候，发现图形和路径之间存在缝隙，就选择白色小点，按住 Ctrl 键，切换为"直接选择工具"，将点拖过来，松开 Ctrl 键又变回"钢笔工具"。如果距离比较小，那就不需要去掉曲柄，直接控制图形的外围即可。

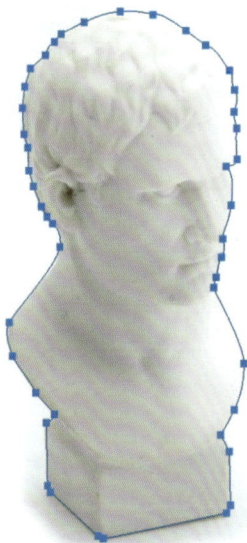

闭合完以后，再进行图形的精修。因为选区内有些地方抠好了，有些地方有待调整，所以我们需要进行再次编辑。首先把需要观察的图像放大，如在头部的一个区域，我们需要将路径再往里调一点，此时可以在此处再加一个控制点，把路径稍微往里压一点。选择"钢笔工具"，靠近路径，当鼠标指针右下角出现加号时单击，就会多一个控制点。

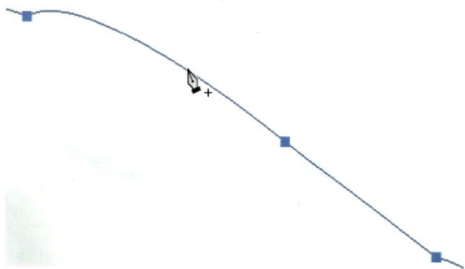

按住 Ctrl 键，切换为"直接选择工具"，将新加的控制点调整至我们想要的曲线形态。按住空格键，依次检查路径的效果。通过这种一次编辑和二次精修，可以使抠图非常完美。

在了解了相关技巧后，还需进行实际的练习才可熟练掌握"钢笔工具"。接下来，我们需要将路径变为选区，将图抠出。按 Ctrl+Enter 快捷键，可将路径转为选区；按 Ctrl+J 快捷键复制图层，隐藏背景，此时可看到抠图效果。

如果需要反复使用路径，单击"窗口"菜单选择"路径"命令，打开"路径"对话框，找到路径，双击路径，可对路径进行自主命名，单击"确定"按钮。

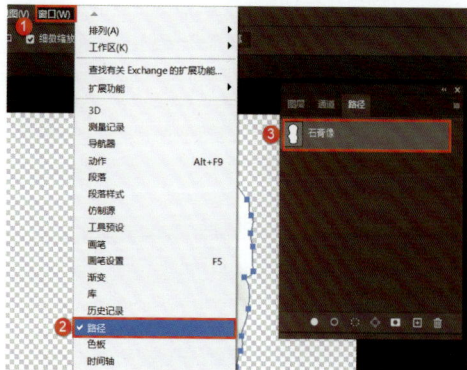

12.2 运用路径工具绘制矢量图形

本节我们将学习运用路径工具绘制矢量图形。

◆ 运用路径工具绘制矢量图。

本节以绘制生活中常见的小图标为例进行介绍，下图中的这个小图标表示信号的扩散，看似简单，具体操作起来需要许多技巧。

首先创建一个底稿，在工具栏里找到"圆角矩形工具"，在界面中从左上角拉到右下角。

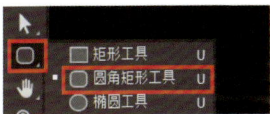

它的圆角在默认情况下是非常小的，此时需要增加圆角的半径值。

打开圆角的"属性"对话框可以发现，其有 4 个参数，分为左上、右上、左下、右下 4 个部分。改动的时候我们需要保证 4 个参数都一致变化，先调整为 50 像素，后续再调整为 100 像素，一直调整到满意为止。

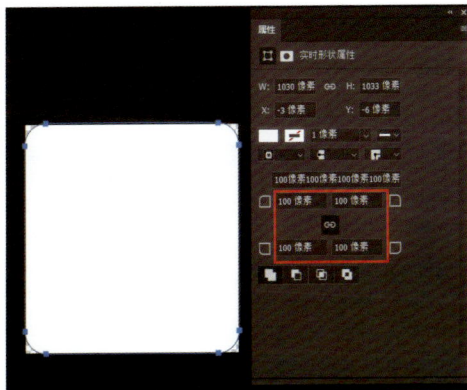

下一步我们需要改变一下它的填充颜色，在属性栏里面找到"填充"选项和"描边"选项，以及描边的粗细，这是对象的三大基本属性。单击填充色块，在打开的下拉列表中单击右边的色块，可以打开"拾色器（填充颜色）"对话框。

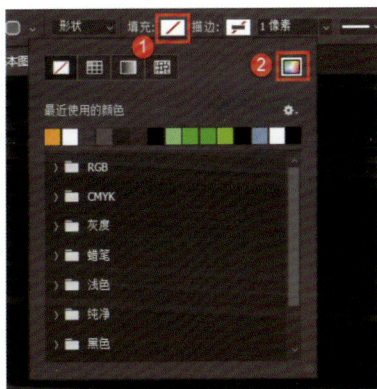

在"拾色器（填充颜色）"对话框中，可自主设置颜色，也可直接用吸管在某些照片中吸取颜色，此处将颜色设定为黄色。

接下来我们需要画一个圆圈。在工具栏中找到"椭圆工具"，从中心开始拖动，按住 Alt 键，得

到想要的圆形，并将其颜色更改为白色。如果形状
不对，可用"路径选择工具"进行微调。

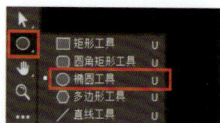

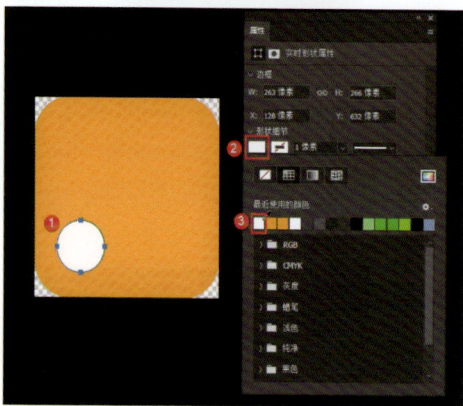

接下来需要画信号往外扩散的图形，它的形态
接近1/4个圆。此时需要先做一个大圆，填充为白色，
再做一个小圆，将其挖空，然后取1/4。

为了精准画出圆的位置，可以使用标尺参考线。
单击"视图"菜单，选择"标尺"命令，从左侧标
尺处拖动出一条参考线，放置在需要的地方，即圆
心所在的纵坐标上。再从上面拉出一条参考线，放
置在圆心所在的横坐标上。

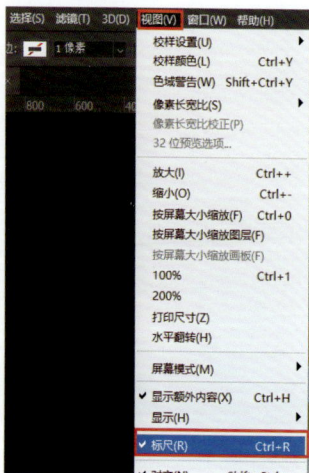

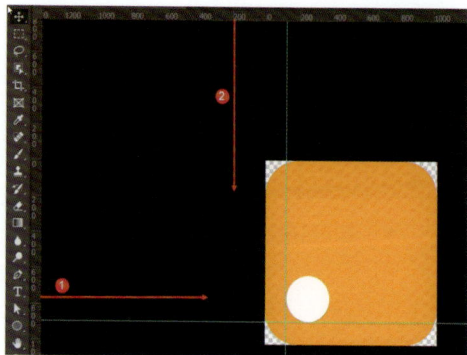

之后，找到工具栏中的"椭圆工具"，从圆心
处开始绘画，按住 Alt+Shift 快捷键，画出一个合
适大小的圆形，填充为白色。

为了便于画小圆，可先将填充色去掉。找到"路
径选择工具"，选择路径，按 Ctrl+C 快捷键复制，
按 Ctrl+V 快捷键粘贴，然后按 Ctrl+T 快捷键缩小，
缩小到我们需要的节点，按 Enter 键确定，得到较
小的圆。

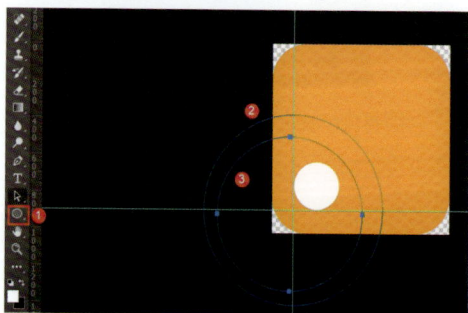

打开"路径"对话框，可以发现有两条路径。
此时可以单击扩展菜单，将对话框的图标放大。运
用填充颜色来观察路径实现的运算法则，选择一个
亮眼的颜色，可以发现实际中并没有形成一个大圆
减小圆的圆环效果。

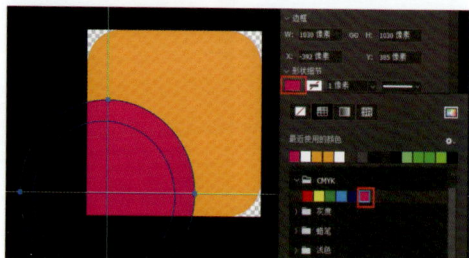

此时，我们就需要运用路径的布尔运算，即加减法。用"路径选择工具"选择小圆，其表现形态调整为实心，在属性栏里选择合并形状，把大圆加进来，得到一个大圆。

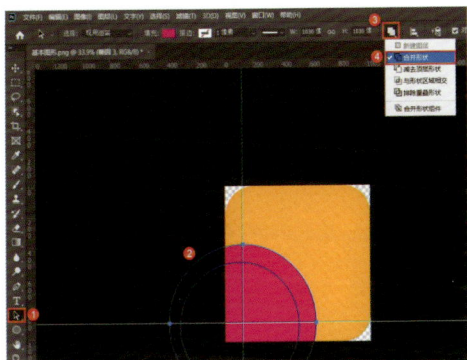

再选择小圆，选择减去顶层形状，得到圆环。

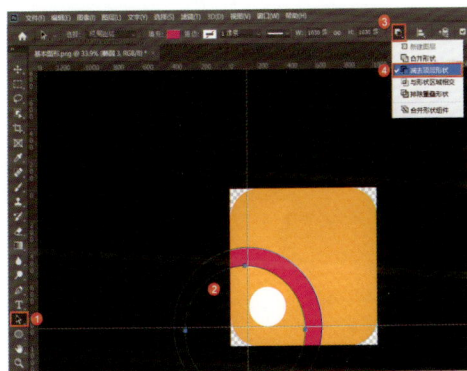

再减去多余的圆环部分，选择矩形形状工具，把上面的属性改成与形状区域相交，得到交集的效果，再将颜色改成我们需要的白色。

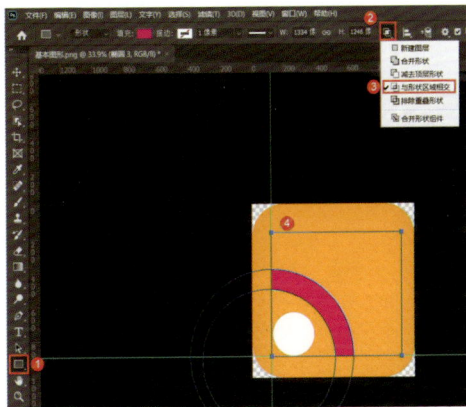

另外一个大的圆环的操作步骤同小圆环。

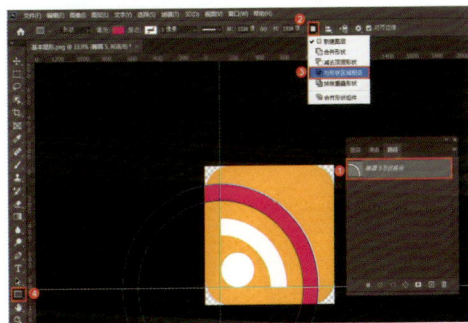

去掉辅助线，单击"视图"菜单，取消"显示额外内容"，最终绘制好我们需要的矢量图标。

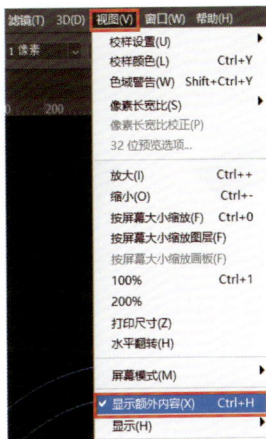

第 13 章

滤镜

在 Photoshop 中，滤镜主要用于对照片进行特殊的处理，或是制作一定的照片特效。

Photoshop 的系统滤镜主要位于"滤镜"菜单内，本章将介绍几类比较常用的滤镜。对于那些比较特殊、很少使用的滤镜，本章就不再单独介绍了。

13.1 液化滤镜

之前大家也应学习过一些滤镜，每一个滤镜都直接对应着一种特殊的效果。本节将介绍 Photoshop 中的"液化"滤镜。

本节知识点

◆　使用滤镜工具中的"液化"滤镜。

液化滤镜的使用

以下图为例介绍"液化"滤镜的使用方法。

　　整个场景，包括照片氛围、调色等的调整，在之前的内容中都已经有所涉及。对于人像照片来说，很重要的一部分就是对身材比例的控制。如果对身材比例并不是很满意的话，可以通过滤镜进行一些调整。先看一下已经调整好的一个效果，与原图进行对比，发现调整后的身材比例更好。下面我们将具体学习实现这种效果的步骤。

打开原始素材照片，按Ctrl+J快捷键复制背景。单击"滤镜"菜单，选择"液化"命令，会弹出一个非常大的单独的"液化"对话框。

首先学习"向前变形工具"，选择"向前变形工具"，默认的笔头有点大，可以调小一点，按左中括号。向前变形工具可以瘦腰、提臀。

如果对哪一步操作不够满意，那么可以在左侧工具栏中单击第二个按钮，也就是重建工具，在修改不当的地方进行涂抹，可以实现局部还原。

形命令均不影响到该区域。找到手臂，对其进行冻结蒙版操作。

刚才在进行瘦腰的时候，手臂会受到影响。那么，如何避免这种影响呢？使用液化工具里的冻结蒙版工具。在某个区域进行冻结蒙版操作，可使任何变

接下来我们再选择"向前变形工具",此时手臂将不会受到影响。再进行一些体型的调整,直至满意,单击"确定"按钮,完成液化操作。

通过与原稿的对比,我们可以发现人物的身材已经得到了很好的改善。

脸部工具

在 Photoshop CC 2020 中,液化功能中新增了一个脸部工具,使用该工具可以对人物脸部进行更强大、更细腻的调整,以得到更理想的效果。

打开原始照片,按 Ctrl+J 快捷键复制一个图层。然后选中复制的图层,选择"液化"命令,进入"液化"对话框。

在左侧工具栏中,选择倒数第三个工具,也就是脸部工具。这样就会自动检测图片中的人物脸部,然后在对话框右侧显示人脸识别液化的多种参数。对于普通的没有人脸的照片,它会提示在此图像中未检测到人脸。

接下来再看人脸识别液化下的参数,眼睛的高度、大小、宽度、斜度,还有鼻子、嘴唇等均可以进行调整。单击参数中间的链条,可以使两边对称。

依次进行调整,可以使得五官更加精细。完成以后,单击"确定"按钮,与原稿进行对比,会发现已经发生了明显的变化。

13.2 模糊滤镜与锐化滤镜

"模糊"滤镜和"锐化"滤镜是对照片进行后期处理时非常重要、几乎必不可少的滤镜，本节将对这两种滤镜进行详细介绍。

本节知识点

◆ 正确使用"模糊"滤镜和"锐化"滤镜。

模糊滤镜

本小节将以下面这张照片为例进行介绍。为照片加一些滤镜，可以看到照片的效果变化是非常大的。

现在，在Photoshop中打开原始照片。单击"滤镜"菜单，选择"模糊"命令，再选择"高斯模糊"命令。因为在实际的工作当中，"高斯模糊"这种命令使用的频率较高，所以这里我们选择这种命令。

执行以后，会打开"高斯模糊"对话框，可以看到只有"半径"这一个参数，图中显示的"半径"值为"18"。

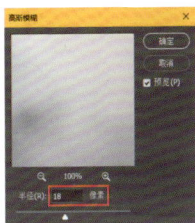

如果将"半径"值调小，模糊度就会降低。但是仅仅通过对"半径"值的调整，不能限制出一个区域，更不能做出景深的效果。所以说，虽然"高斯模糊"比较常用，但它是针对全画面的模糊，不能制造景深的变化，所以在本例中，我们不使用这个滤镜。

单击取消回到主界面。

如何形成镜头的景深效果呢？模糊滤镜里的镜头模糊滤镜能够达到这样的效果。选择"镜头模糊"命令。

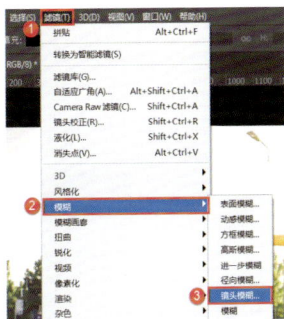

进入"镜头模糊"对话框，在深度映射里，源参数默认为无，打开其后的下拉列表，选择 Alpha 1（原始素材中已经建立并存储了选区，选区存储在 Alpha 1 通道当中，没有建立选区的照片是没有 Alpha 1 通道的。该通道主要借助于选区来限定模糊的区域）。待软件计算完毕后，画面就会呈现景深的模糊效果。而这个模糊程度的值，可以通过"半径"进行控制。本例中将数值设置为"36"，也可以调整"半径"值，直至效果合适为止。

单击"确定"按钮，同原稿进行对比可以发现，原稿大面积都是清晰的，而加了"镜头模糊"滤镜的照片中，聚焦的地方是清晰的，其他地方是模糊的。

下面我们来查看 Alpha 1。打开"通道"面板，单击 Alpha 1，可以发现画面中某些范围已经被限制。白色部分为选区，产生了镜头模糊的效果；黑色部分不是选区，没有产生镜头模糊的效果；灰色区域则保持半透明的过渡模糊效果。

锐化滤镜

接下来将讲解与模糊滤镜相反的锐化滤镜。在"滤镜"菜单里面，有锐化滤镜组，平时用得非常多的是"USM 锐化"滤镜，此处使用这个滤镜，打开"USM 锐化"对话框。

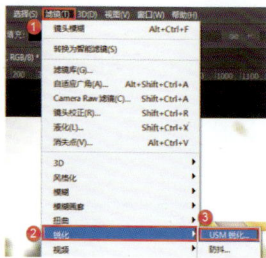

在"USM 锐化"对话框中设置参数时，比如说，将"数量"值加大到"280%"，那么半径值也要进行适当调整，这样就实现了对画面效果的锐化处理。

这时，从"USM 锐化"对话框中间，可以看到预览图，从预览图中看到的是锐化后的画面；将鼠标指针移动到这个预览图上，按住鼠标左键则可以显示锐化之前的效果。经过对比就可以看到锐化的效果还是非常强烈的。

一般来说，调整"数量"和"半径"值的大小时，"数量"值建议设置到 100% 左右就可以了，"半径"值也不宜过大，一般设定为 0~1.5。"阈值"这个参数，其值设定得越大，锐化效果就越不明显，因此保持默认的 0 即可。如果要设定"阈值"，一般不要超过 2。

13.3　滤镜的综合应用

本节我们将学习滤镜库里一些滤镜的单独使用方法，以及它们组合在一起得到的一些特殊效果。

本节知识点

◆　通过滤镜特效完成冰冻效果。

首先可以看一下如下图所示的冰冻特效，如果想要模拟这种手的冰冻质感的效果，就需要将滤镜库里面的一些滤镜进行组合。

首先打开人物素材照片，再打开粉尘素材照片，并将粉尘素材照片拖入人物素材照片，大致放到人物的两手之间。

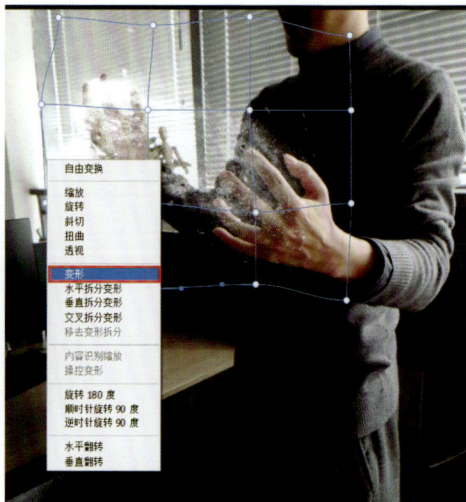

放置的素材明显比较大，旋转素材将其放置到合适的位置。按Ctrl+T快捷键将粉尘素材缩小一点，再右击粉尘素材，在弹出的菜单中选择"变形"命令，可以通过拖曳变形九宫格的节点使粉尘与手更协调。

按Enter键确定操作，可以发现粉尘素材位于两手中间，但手背部分仍有粉尘。所以此时需要添加一个图层蒙版，选择画笔，设置前景色为黑色，在不应该出现粉尘的地方进行涂抹，不需要做得特别精细，大致擦除即可。

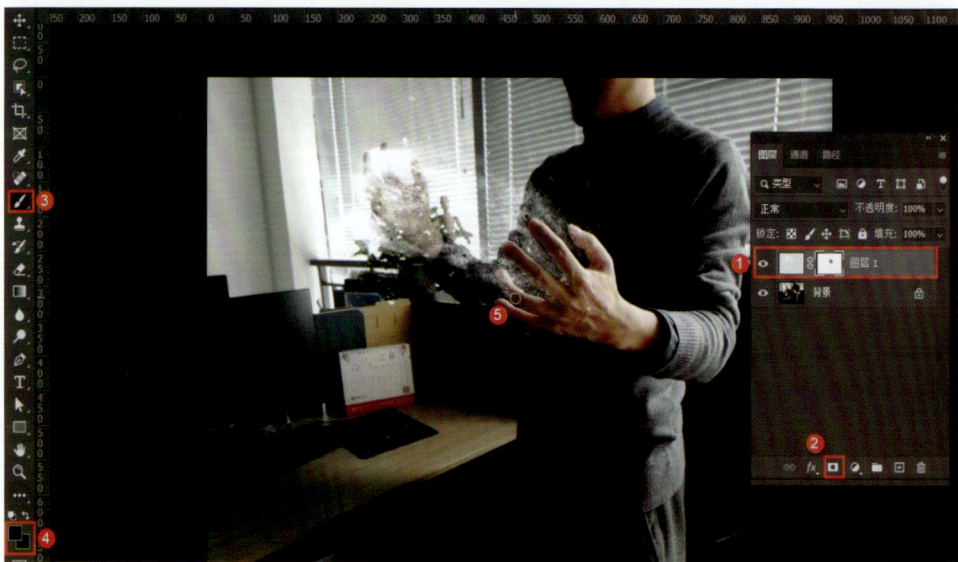

除此之外，还需进行特效的设置，如在此处可模拟一个冰冻的效果。暂时将粉尘图层隐藏，选择背景图层。使用"快速选择工具"，可适当增大笔头，将人物手部选择出来。

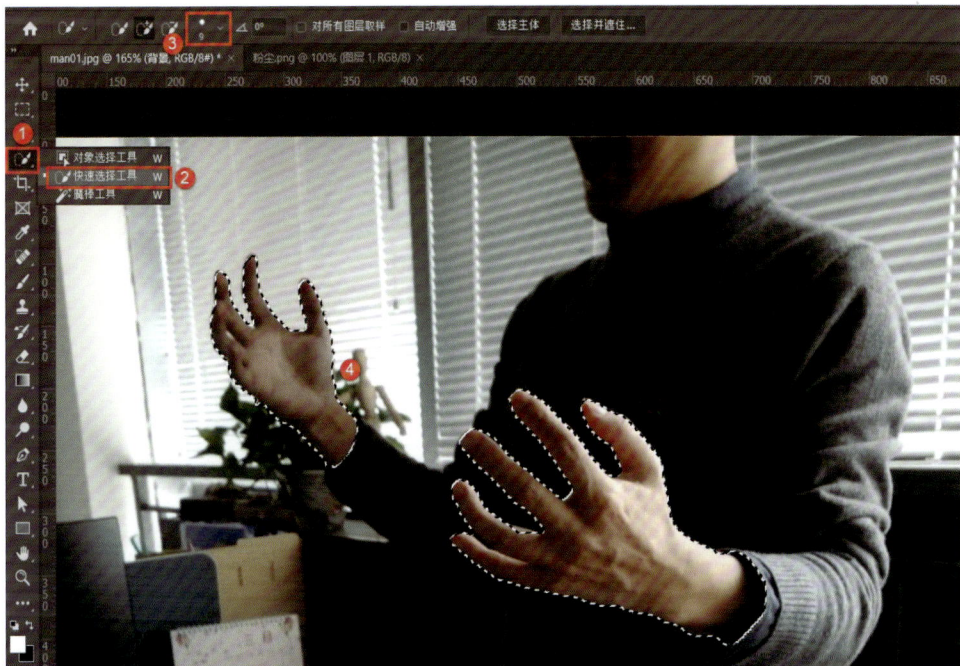

选择完成后，将其复制出来，对它进行单独操作。单击图层菜单，选择"新建"命令，选择"通过拷贝的图层"命令。

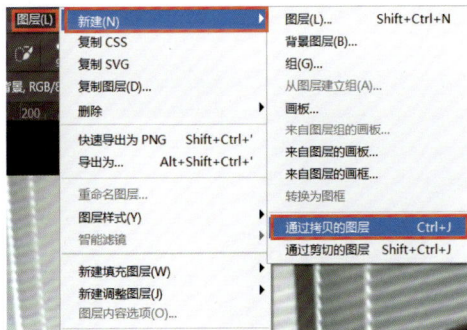

此时需要得到的是一个冰冻的效果，即得到冰冻的高光、质感，所以并不需要太关注皮肤的颜色和效果。对双手进行调整，单击"图像"菜单，选择"调整"命令下的"去色"命令，将彩色信息去除，使其变成黑白灰的效果。

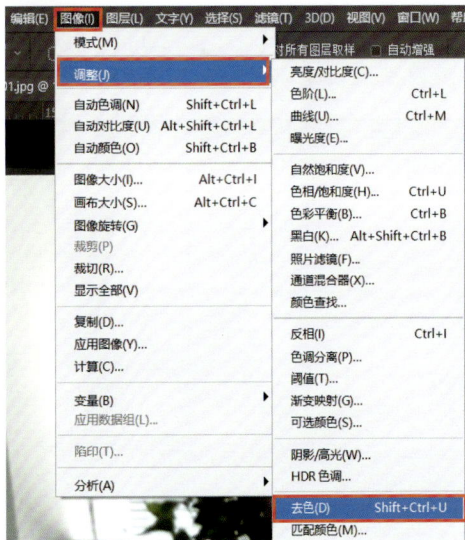

接下来就要模拟冰冻的效果。在"滤镜"菜单中选择"滤镜库"命令，打开滤镜库选择界面。

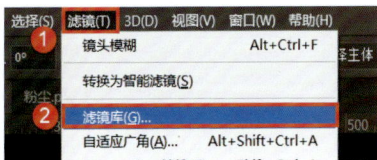

在其中可选择想要的艺术效果，本例中直接使用"塑料包装"的效果，可以得到像冰冻一样的高光效果。

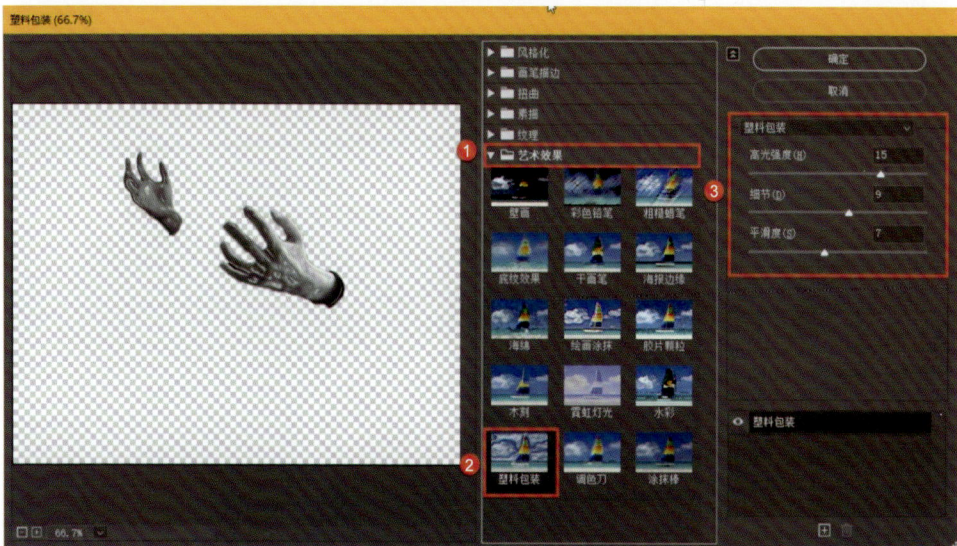

我们使用这个滤镜就是想要得到这种效果，具体的参数可以自己去控制。要稍微注意的是不同的画面、不同的质量对参数的设置是不一样的，所以不一定要跟我在此处设置的参数一样，根据画面去选择合适的参数值。

单击"确定"按钮以后，可以使用混合模式将手掌上的灰色和黑色去掉。在"图层"面板中选择"滤色"混合模式，发现高光留了下来，手掌也能看见，而灰暗的地方全部都过滤掉了。

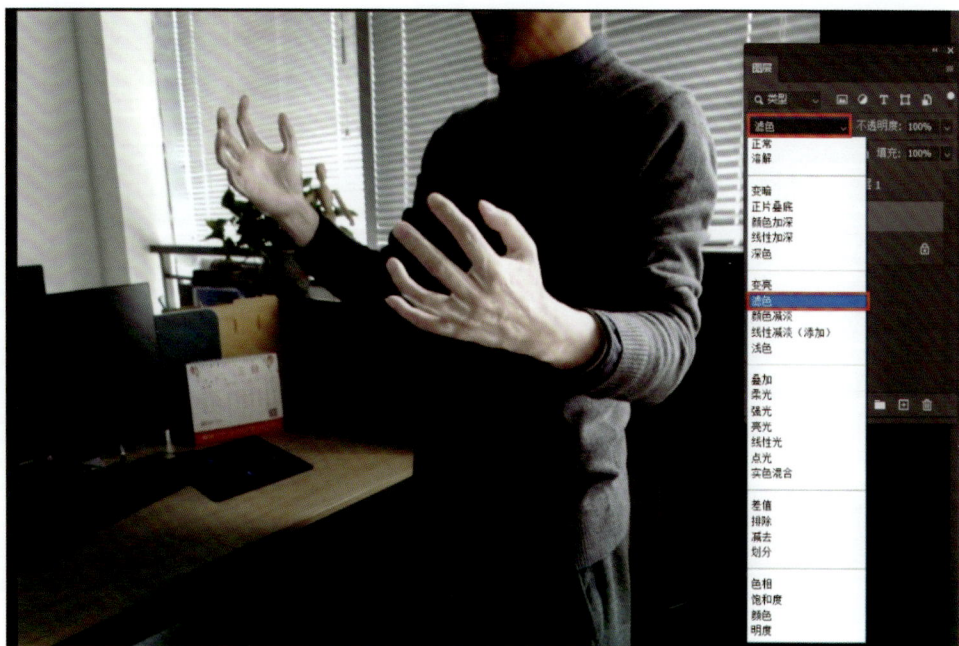

这样，就得到了冰冻的平滑效果，但是一些杂碎的质感效果依然没有获得。所以对"图层2"进行复制，

然后利用复制的图层再去模拟杂碎的质感。这里依然是单击"滤镜"菜单，选择"滤镜库"命令，选择"扭曲"，选择"玻璃"滤镜，并选择"磨砂"纹理。同样，参数也是按照需求进行设置的。

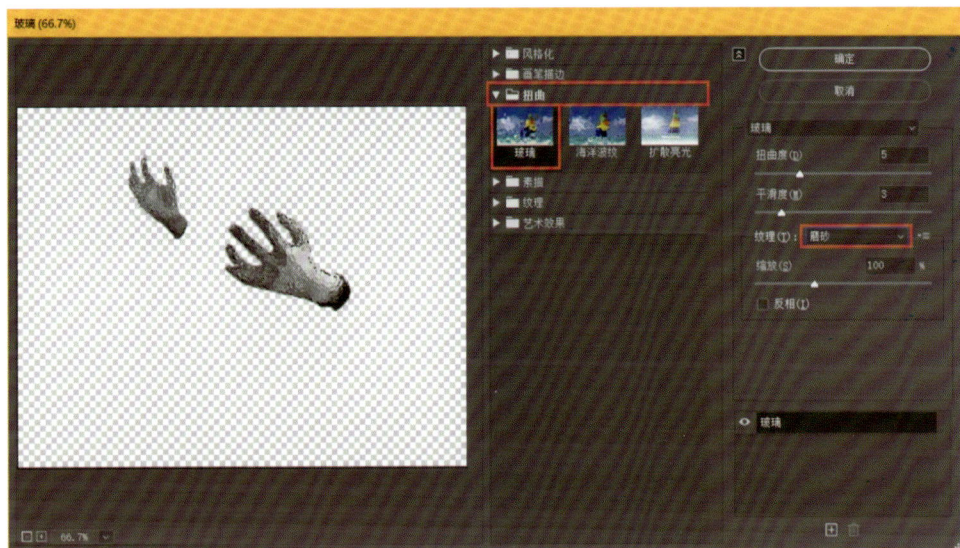

这样，杂碎的质感效果就获得了。

做到这一步以后，把这两个滤镜库里面的效果图层都选中，创建为一个图层组。

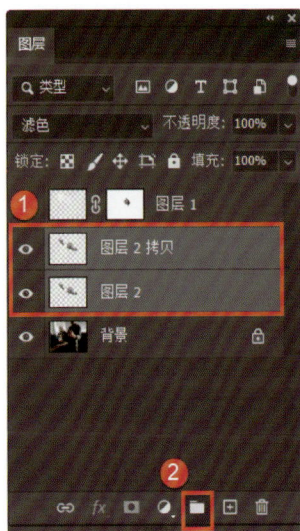

这样操作有什么好处呢？因为现在手部太白，失去了原有的色彩，所以我希望增加一些饱和度。如果要增加饱和度，那每个图层都要增加，而且要保持参数是一样的，分开进行调整会增加计算机的负担，所

以将两个图层创建为一个图层组，然后再创建色相／饱和度图层进行调整，增加手部图层饱和度的时候，图层组内的图层的饱和度都会增加。

在打开的"色相／饱和度属性"对话框的底部，单击"剪切到图层"按钮，这可以确保我们的调整只是针对图层组内的图层，而非针对整个画面。

此时的手部都是冰冻的效果，而我们希望手臂的开始部分是它的原始颜色，然后慢慢过渡到手掌结冰的地方。所以可以给图层组创建图层蒙版，然后选择"画笔工具"，设定前景色为黑色，调整画笔笔头的大小，在手腕部位进行擦拭涂抹，让手部产生一个从正常到冰冻的过渡。

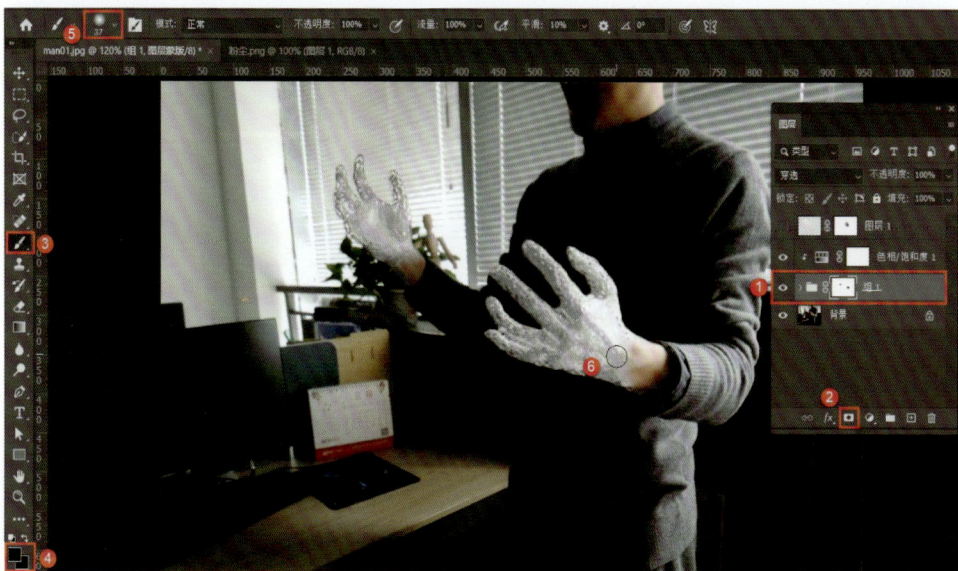

把粉尘加上以后会有一种神奇的效果，但是还不够。因为粉尘总体来说是白色的，而我们希望得到的这种冰冻质感应该是很冷的感觉，所以还可以加一些蓝色进去。这里可以添加一些图层样式，比如内发光加蓝色，外发光渗透出蓝色的光芒等。选择图层组并双击，打开"图层样式"对话框，在"外发光"中选择淡蓝色，然后适当调整大小。

乎不明显。在这里解释一下，因为"内发光"的"混合模式"默认为"滤色"，也就是两种颜色混合得到一种更亮的结果。那么手臂是白色的，但要发蓝色光，而白色光更亮，所以显示不出来，因此在这个地方建议将"混合模式"改成"正常"，再适当调整大小。

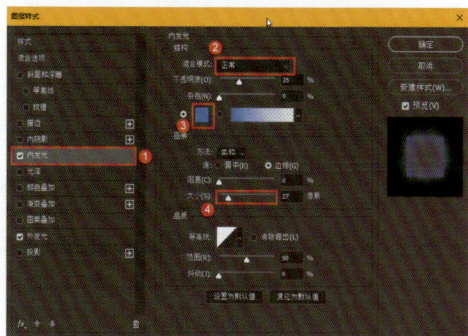

接下来选择"内发光"，选择以后发现效果似

这样，大体的形态效果就出来了，在后期只要再进行调色就可以得到最终的效果了。

第 14 章

Photoshop 的导出设定

处理完图片之后，可以借助存储、存储为等命令将图片保存起来，但实际上在输出图片时，还有另外一种更为强大的命令设定，即使用导出相关的命令。该命令可以设定导出为一般格式的图片，并且可以在导出过程中进行非常详细的设定；也可以将图片导出为 Web 格式，便于后续在网络中的应用。本章将详细介绍 Photoshop 导出相关的命令设定和使用方法，学习完本章内容后，读者就将图片存储为能应用于各种场景的图像。

14.1 初识"导出为"命令

本节介绍 Photoshop 中"导出为"命令的设定及使用技巧。

本节知识点

◆ 正确使用"导出为"命令。

打开一张图片，本节将以它为例，讲解"导出为"命令所涉及的各种设定格式。

单击"文件"菜单，选择"导出"命令，选择"导出为"命令。

使用"导出为"命令存储图片时，图片有多大，导出的图片就是多大；而有时使用 Photoshop 是为后续的平面设计做准备，平面设计中所用的屏幕有大有小。我们设计的小图标放在一个大屏幕上会显得很小，设计的大图标放在小屏幕上会显得很大，不利于观察。因此我们用 Photoshop 做图标时，就需要导出不同大小的文件格式，以适用于不同的显示设备。同时，这也涉及 1 倍图、2 倍图、3 倍图等专业术语概念，利用"导出为"命令，就可以将图片存储为不同大小的图像，来满足后续的浏览需求。

选择"导出为"命令后，可以打开"导出为"对话框。

在界面左侧上方区域，可以看到"大小"下方的列表中有 1x 的显示状态，这表示 1 倍图，在下拉列表中还有 2x、3x 等，2x 就是 2 倍图。

再在右侧设定照片格式为 JPG，保持其他参数不变，单击右下角的"导出"按钮，导出 1 倍图。

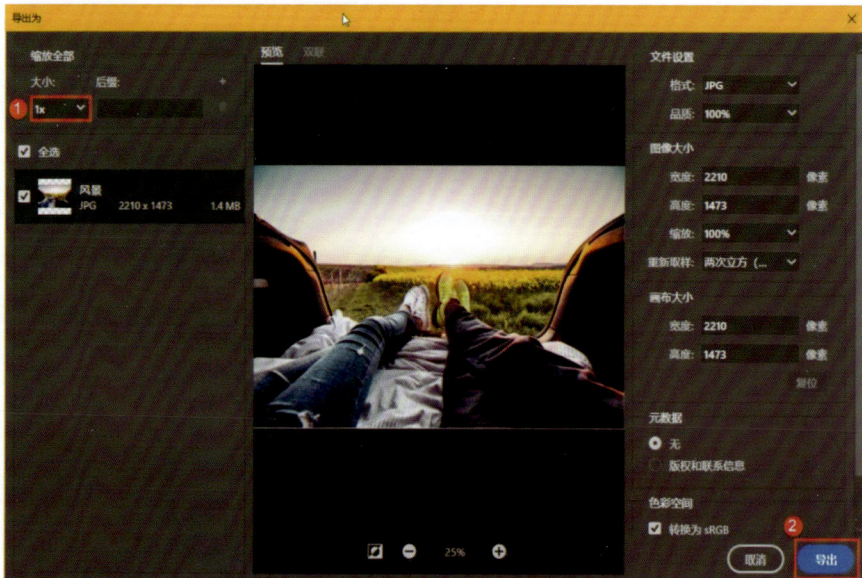

再设定 2x，导出 2 倍图。

然后关掉之前打开的原始图片，再打开保存的 1 倍图和 2 倍图。

切换到 1 倍图，单击"图像"菜单，选择"图像大小"命令，可以看到 1 倍图的状态。然后单击"取消"按钮，返回。

切换到 2 倍图，单击"图像"菜单，选择"图像大小"命令，可以看到 2 倍图的状态。然后单击"取消"按钮，返回。

这时对比 1 倍图和 2 倍图，可以发现两幅图像的大小尺寸为 1∶2 的关系。这代表，我们可以用一张图片导出不同大小的图像。

14.2　存储为 Web 所用格式

本节介绍存储为 Web 所用格式，即将图片存储为在网络上能应用到的图像格式。

本节知识点

◆　正确使用存储为 Web 所用格式。

单击"文件"菜单，选择"导出"命令，选择"存储为 Web 所用格式"命令。

这时，将打开一个比较大的"存储为 Web 所用格式"对话框。在右边的下拉列表中，可以选择在 Web 上面使用过的比较多的几种格式，如 GIF、

PNG-8、PNG-24、JPEG 等。

选择 JPEG 格式以后，对话框右边会显示"品质"参数，"品质"参数是指压缩的幅度高低：参数的数值越小，表示压缩幅度越小，画质越好；反之，则压缩幅度越大，画质越差。

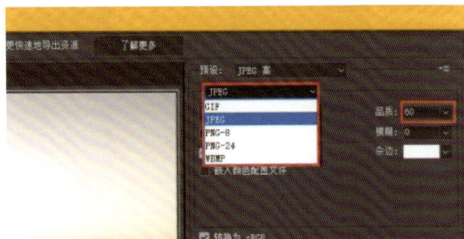

除 JPEG 格式之外，还可以选择 PNG、GIF 等格式。如果用 Photoshop 制作动画后，应导出 GIF 格式。选择 GIF 格式后，就可以支持动画，这是

GIF 格式与其他格式很重要的一个区别。GIF 格式可以支持透明的背景效果，同时它也是一种索引颜色模式，最大可以支持 256 色。如果画面不需要这么多颜色，可以将其压缩，在减少颜色数量的同时，图像文件的大小也会相应减小。

设定为 PNG 格式时，有 "PNG-8" 和 "PNG-24" 两种格式可供选择，两种格式的区别是支持透明的程度，一般选择 PNG-24。

在屏幕的上方有 "原稿" "优化" "双联" "四联" 4 个不同的选项卡。其中 "原稿" 用于显示原始画面，图中显示的大小为 37.3M，而 "优化" 大小为 14.8M；"双联" 指可以同时观察原稿和压缩以后的效果；而 "四联" 可以观察不同格式的压缩效果，以便选择最优的效果导出。

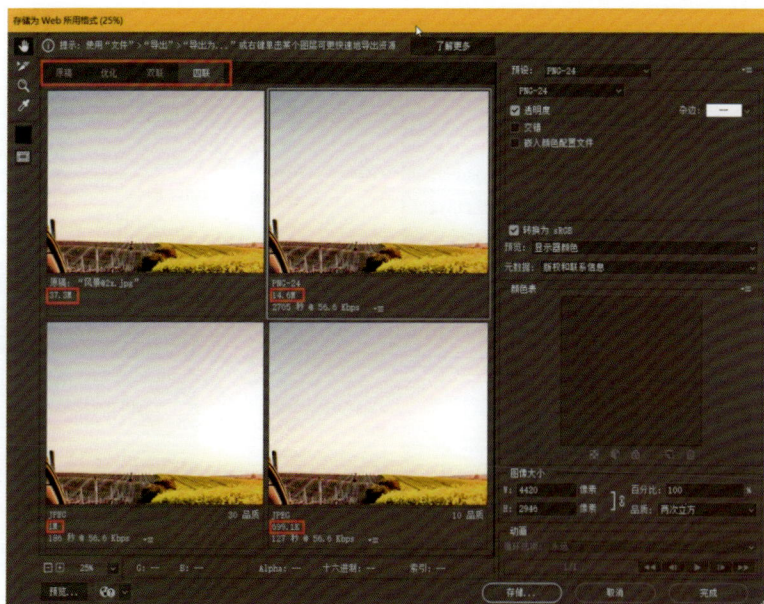

第 15 章

动作与批处理

如果要对大量的照片进行同样的处理，在 Photoshop 中是无法同时实现的，往往需要先对某一张照片进行单独的处理，并且在处理过程中进行动作的录制，再进行一定的详细设定，才可以对大量需要处理的照片进行批量处理。

15.1 批处理动作的创建与编辑过程的录制

本节介绍 Photoshop 中动作的创建与编辑过程的录制，以便为后续对大量照片的批量处理做好准备。

本节知识点

◆ 创建动作并录制编辑过程。

打开下图，这张照片的尺寸比较大。

此时由于工作需要，我们需要将照片放到网络上，并转化成黑白风格。放在网络上的照片，应设为 RGB 的颜色模式，此时图片为 CMYK 颜色模式，故现在需将它转化为 RGB 颜色模式；图片过大，不利于网络的传播，需要将其调小；还要调为黑白风格。即总共涉及 3 个步骤的操作。

如果每张图片均一步一步操作，当然可以实现，但过于烦琐。而动作命令可以将这些操作全部集合在一起，在需要的时候重复使用。

打开照片后，单击"窗口"菜单，选择"动作"命令，打开"动作"对话框，对于其中的默认动作

不作处理，自定义需要的动作即可。

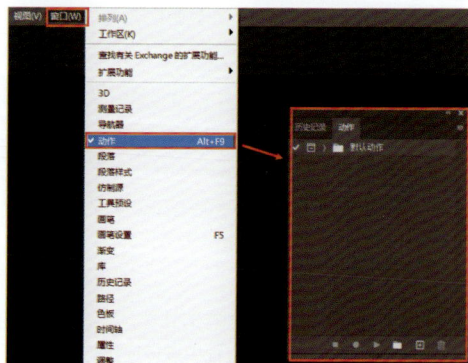

单击"创建新组"按钮，将组重命名为"万晨曦老师上课动作"，单击"确定"按钮。建立并命名好组后，单击动作面板右下角倒数第二个按钮，创建新动作，将动作命名为"图片改小RGB模式黑白风"。

此时，可以看到在"动作"对话框左下角有一个红色按钮，这表示已经开始录制，即开始了对我们进行照片操作的录制（命令未开始时，为灰色，命令开始记录时为红色），此时所有的操作都会被记录下来。

首先将图像转为"RGB颜色"模式，此时这个动作已经被记录下来。

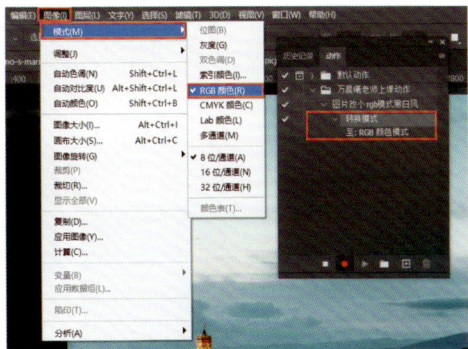

然后，将图像像素缩小，比如将其"宽度"改为"1 000像素"，单击"确定"按钮。

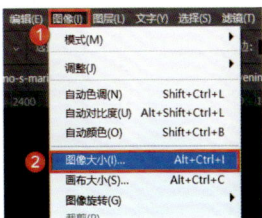

最后，进行图像的调整，可选择去色或黑白命令，去色的效果不是很好，黑白的层次感更加丰富。

如若动作有误，需换命令，接下来介绍动作的修改。

出错时首先单击"停止"按钮，将动作停下来。在"动作"对话框中找到错误的命令并进行更改，如将"去色"命令换为"黑白"命令。单击"去色"命令，再单击垃圾桶图标，最后单击"确定"按钮，错误命令就删除了。

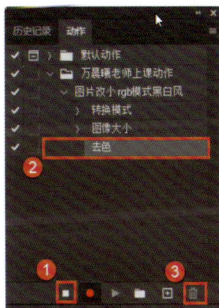

重新单击"录制"按钮，使其变为红色，调整为正确的命令，完成第三个命令后，单击"终止"按钮，这样即可完成动作的录制。

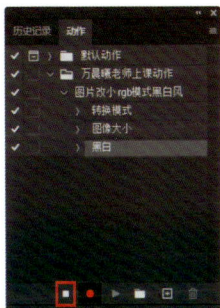

打开另一张照片，重复使用刚才建立的动作。

找到动作的名称，单击"播放"按钮，软件可自动完成我们需要的动作，可以看到另外一张照片也变为了 RGB 颜色模式、黑白效果，并且尺寸也得到了缩小。

15.2 批处理的应用

本节内容将介绍 Photoshop 里的批处理命令。上节介绍了动作命令，但是使用这个命令时，需要打开每张图片，单击播放按钮，执行完动作后还要存储到某个文件夹并且关闭，再打开。而批处理命令可以执行一键处理与存储，能够大幅度提高工作效率。

本节知识点

◆ 快速了解批处理对话框的各选项。

◆ 正确执行一键处理与存储。

进入 Photoshop 的界面，单击"文件"菜单，选择"自动"命令下的"批处理"命令。

此时可打开"批处理"对话框，在其中的"播放"版块，可设置为上节内容设置好的动作。

第二个版块为"源"，即需要处理的照片所在的文件夹，单击"选择"按钮，可以定位到需要处理照片所在的文件夹。

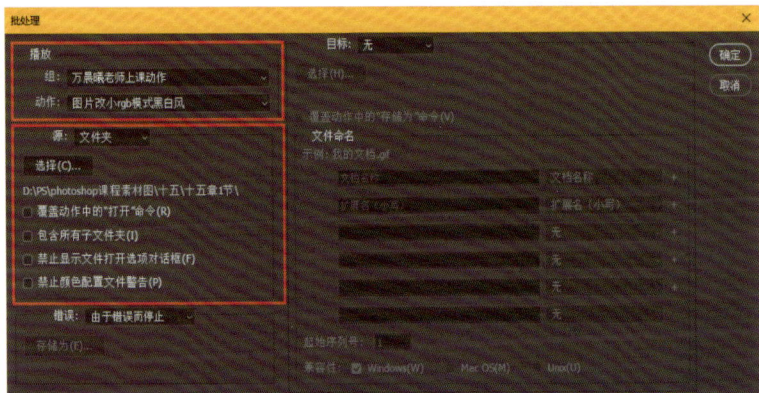

右边第一个版块为"目标"，用于展示批处理后照片的存储路径，一般要指定一个新的文件夹，不能覆盖原照片。

在右边的第二个版块"文件命名"版块可自主设置文档名称及扩展名。如单击文档名称后的加号，会出现文档名称（小写）、文档名称（大写）、1位数序号等选项。

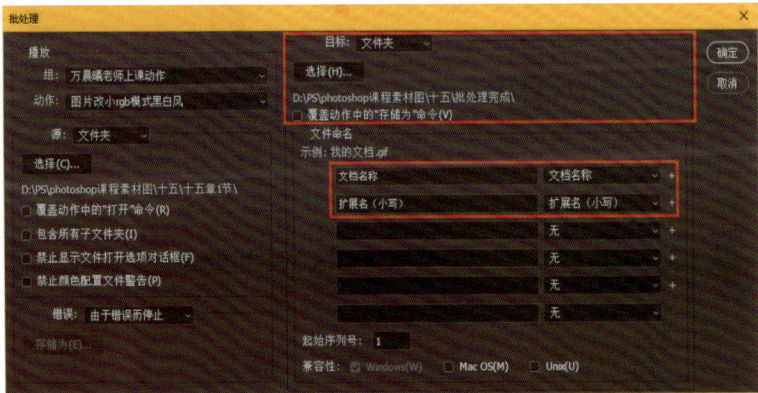

初步设定完成后单击"确定"按钮就可以开始批处理照片。第一张照片处理完成后会弹出"JPEG选项"对话框，在此可设置照片品质，设定完毕后单击"确定"按钮。

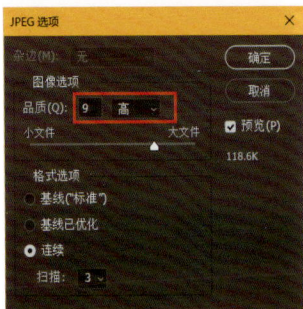

软件继续批处理，第二张照片处理完成时，也会弹出"JPEG 选项"对话框，之后还要进行画质的设定，后续每张照片都是如此，太过烦琐。

单击"取消"按钮，弹出提示框，单击"停止"按钮，关闭画面。

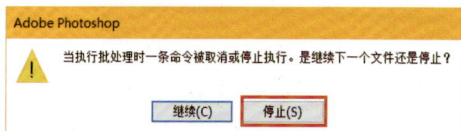

单击"文件"菜单，选择"自动"命令下的"批处理"命令，再次回到批处理的编辑状态。在打开的"批处理"对话框中，在右侧勾选"覆盖动作中的'存储为'命令"复选框，弹出"如果启用此选项，则只有通过该动作中的'存储为'步骤，才能将文件存储到目标文件夹。如果没有'存储'或'存储为'步骤，则不存储任何文件。"提示框，说明动作里一定要有存储命令，如果没有，动作执行无效。

上节内容设置的动作中没有"存储为"命令，所以要暂停批处理，回到动作编辑状态，增加"存储为"命令。

单击"录制"按钮继续录制，单击"文件"菜单，选择"存储为"命令，设置文件为"JEPG 格式"，找到要保存到的位置，然后单击"保存"按钮，设

定照片品质，继续单击"确定"按钮。

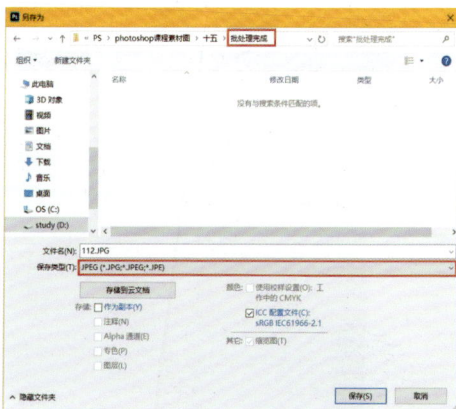

此时在动作中可以看到下方已经增加了"存储"命令，这样就为动作增加了存储步骤，然后停止动作的录制。

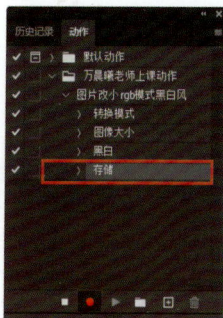

再次进行批处理，图像将很快被处理完毕。依次打开处理完毕的所有图片，发现图片均为设置好的格式。